여러분의 댄서소나
uhm man♥

댄서소나의 틱톡 한 권으로 끝내기

댄서소나의 틱톡 한 권으로 끝내기

댄서소나 지음

베가북스
VegaBooks

안녕하세요, 여러분! 댄서소나입니다.

이렇게 책으로 인사를 드리게 되어 정말 감회가 새롭네요. 그저 춤추기를 좋아하던 학생이 어느새 프로 댄서가 되어 춤을 추고자 하는 분들에게 도움을 드릴 수 있게 되었다니! 흐아아아~정말 이렇게 인사말을 쓰는 순간에도 가슴이 벅차오르고 아직 이 모든 상황이 꿈만 같아요. 책이 제 품에 안기기 전까지는 실감하지 못할 것 같습니다.

이 순간이 오니 그동안 춤과 함께 해오던 시간이 마치 주마등 스치듯 머릿속에서 회상됩니다. 춤을 전문적으로 출 것이라고는 감히 상상도 하지 못했고, 장르가 무엇이 있는지도 모르던 그 어린 시절에도 학교 축제 시기만 찾아오면 늘 춤으로 무대를 꾸몄었어요. 고등학교 때는 댄스 동아리가 없어서 마음 맞는 친구들과 손을 꼭 맞잡고 교장 선생님을 찾아가 동아리 개설을 바란다며 며칠을 부탁드렸던 적도 있었습니다. 그때는 그 마음들이 춤에 대한 열정이라는 것을 눈치채지 못하고, "좋아하니까 당연히 해야지!"라는 생각으로 하루하루를 보냈던 것 같아요. 학교 끝나고 늦게까지 새벽 연습을 해도 피곤한 줄도 모르고 연습실 거울에 김이 서릴 때까지 연습했던 나날들은 아직도 제 마음속에 보석같이 빛나는 추억으로 남아있습니다.

K-POP 그리고 한류의 영향으로 춤에 대한 관심도가 나날이 높아졌어요. 일상의 스트레스를 날려버릴 취미로 춤을 선택한 분들도 많아졌고, 전문 댄서가 되기 위해 이 길을 선택한 분들도 점점 많아졌죠. 그래서일까요? SNS에서 춤을 영상으로 쉽게 접할 수 있게 되었는데, 제가 활동하고 있는 'TikTok(이하 틱톡)'이라는 애플리케이션에서 특히 많은 영상을 만

날 수 있어요. 특히, 다양한 댄스 챌린지가 유행하고 있죠. 틱톡은 워낙 촬영 및 편집이 쉬운 애플리케이션이기 때문에 누구나 부담 없이 춤에 도전할 수 있도록 길을 열어준 게 아닐까 생각합니다.
이처럼 틱톡을 계기로 모두가 즐겁게 춤을 따라 할 수 있는 것처럼 저 댄서소나도 여러분에게 조금이라도 도움을 드리고 싶었어요! 그래서 많은 고민 끝에 춤과 틱톡을 주제로 한 책을 출간하기로 한 것이죠.

'댄서소나'라는 이름이 새겨질 책이라는 무거움에 부담도 많이 되었지만, 진심으로 노력하면 분명 좋은 책이 만들어질 것이라는 믿음이 있었어요. 그리고 기회와 타이밍은 잡으라고 배웠기에, 새로운 것이 두려워 도전하지 못하고 나중에 후회하는 것을 원치 않기에, 이렇게 용기 내어 제 주변의 감사한 분들과 함께 책을 출간하게 되었습니다.

이 지면을 빌어 꼭 하고 싶은 말이 있어요. 곁에서 항상 응원해주고 사랑해주는 나의 친구들, 그리고 나의 유일한 예외인 그대에게! 댄서소나를 응원해주고 사랑해주고 함께해주는 한 분, 한 분 너무 소중한 팬 여러분께! 기쁠 때는 나누어 배가 되게 하고, 슬플 때는 나누어 반이 될 수 있도록 곁에서 믿어주고 도움 주신 SO:ON ent 식구들에게! 처음이라 서툰 작업에도 불구하고 믿고 맡겨주시어 여기까지 이끌어주신 출판사 편집부 여러분들께도! 그리고 댄서소나 또는 김솔아가 하는 일마다 사랑으로 가득하길 바라주는 가족들에게 사랑과 감사의 인사를 드립니다.

이 책이 춤을 접하시는 분들에게 앞으로 나아가는 첫걸음 같은 책이 되길 간절히 바랍니다. 항상 감사합니다.

추천사

신동호 피땀 흘려서 탄탄해진 너의 춤 실력처럼, 앞으로도 네가 이룰 모든 결과가 탄탄해지고 무너지지 않길 바란다. 출간 축하해!

윤지 하프앤하프로 시작해서 지금은 틱톡 댄스 여왕으로 등극한 소나 언니의 책이 나왔다구요??? 그럼 당장 구매하러 가야 하는 거 아닙니꽈?! 저는 춤 실력이 없어서 언니 책을 보고 몸치 탈출을 꿈꾸고 있어요.

옐언니 소나 언니만의 특별한 댄스 강의를 책으로 만나게 된다니! 벌써부터 마음이 두근거리네요 :) 평소 춤에 자신 없던 제게 너무나도 필요한 책이지 말입니다! 틱톡 댄스의 핵심만 골라 만들어진 이 책은 새내기 틱톡커들에게 큰 도움이 될 거라고 생각해요^ㅁ^!!

신사장 틱톡에서 댄스 하면 역시 댄서소나 아닙니까아~? 그쵸오~? ^–^ 동작 하나하나 스웩 듬뿍 댄.싱.머.신! 틱톡커 댄서소나가 자세하게 알려주는 ☆틱톡 댄스 강의서☆ 누구나 쉽게 배울 수 있다구욧~! 다들 어서 구매하고 재미있게 틱톡 인싸춤 추자!

유링딩 틱톡 댄스 간판 댄서소나 언냐가 책을?! 드뎌 저 같은 댄스 고자도 춤출 수 있다구요?! 큐티 카리스마 레드페퍼 댄서소나와 함께 춤춰보세요! 유링딩이 항상 응원해요♥

리나대장님 하프앤하프랑 춤 콘텐츠를 유행시킨 장본인! 그런 언니의 댄스 비법을 책으로 만날 수 있게 되었다니! 몸치인 저도 얼른 언니 책을 참고해서 몸치 탈출을 해야겠어요! 앞으로도 파이팅 합시다! 사랑하는 소나언니!

김스테파니 혜리 틱톡에서 제일 먼저 친해지게 된 댄서소나 언니♥ 자타공인 듀엣 영상의 여왕이죠! 지금도 꾸준히 댄스 콘텐츠를 개발해나가는 언니가 정말 멋져요. 책 출판하는 거 축하드립니다. 파니가 많이 응원하고 애껴유♥

안은우 소나 누나, 책 내신 거 정말 축하드려요!! 최고의 틱톡 댄서 소나 누나가 가르쳐주는 틱톡 댄스 강좌! 여러분들도 이 책 보시고 프로 틱톡 댄서가 되세요~!

최사범님 소나 누나의 첫 출판을 축하합니다! 태권도 열심히 해서 절도 넘치는 동작에는 자신 있지만, 춤은……. 크흠! 열심히 보고 연습할테니까, 나중에 같이 춤 영상 찍어주세요! 틱톡코리아 대표 댄서 소나 누나! 앞으로도 지금처럼 멋진 모습 기대할게요! 책 열 번 읽어야지!

샤나 사랑하는 소나야! 드디어 우리 소나의 책이 출간되는구나. 책이라니, 참 대견하고 존경스럽다♥ 항상 성실하게 열심히 노력하는 너의 모습, 책에 멋지게 담겼기를 기대하며 너의 책을 내가 첫 번째로 만나주겠어! 베스트셀러 가즈아아아!

댄서민주 나도 춤을 추지만, 틱톡을 시작하면서 널 보고 많이 배우고 있어. 이 책은 분명 춤을 좋아하고 틱톡을 시작하는 모든 사람에게 큰 도움이 될 거야. 항상 독특한 콘텐츠를 고민하던 너의 노력이 새삼 떠올라. 분명히 잘 될 거라고 믿어. 소나야 항상 응원한다♥

틱톡 코리아 김성원 소나 님 덕분에 틱톡 듀엣 기능이 한국뿐만 아니라 아시아 국가 모든 유저분에게 알려지게 되었습니다. 감사합니다. 이번 책에 틱톡으로 짧지만 강하게 매력을 어필하는 꿀팁을 가득 담았다고 들었습니다. 소나 님으로 인해 더 많은 사람에게 틱톡이 알려질 거라고 믿습니다.

틱톡 코리아 이가신 소나와 함께 성장한 저이기에, 소나가 이번에 책을 출간한다는 소식을 듣고 정말 기뻤습니다! 항상 응원할게요! 모든 것이 잘 되기를 바랍니다! 더욱더 좋아질 소나의 모습을 기대할게요~!

CONTENTS

이 책의 주의사항

1. 춤을 추기 전에 충분한 스트레칭으로 굳은 몸을 풀어주세요.

   스트레칭 없이 바로 춤을 추면 다칠 수도 있으니 주의합니다.

2. 처음부터 진도를 많이 나갈 생각하지 말고 하나하나 천천히 동작을 따라하세요.

3. 어려운 동작은 무리하여 따라 하지 마세요.

4. 근육에 무리가 가거나 다쳤을 경우 충분한 휴식을 취해주세요.

5. 연습할 때는 항상 편한 운동복과 운동화를 착용해주세요.

6. 기본기를 충분히 마스터해주세요.

   기본기가 배어있지 않으면 다른 동작을 취할 때 몸에 무리가 갈 수 있습니다.

7. 너무 늦게까지 연습하는 것은 금물!

   몸에 무리가 가지 않을 정도로 적당히 춤추는 것을 권장합니다.

8. 몸이 튼튼해야 춤도 열심히 출 수 있는 법이에요.

   하루 세끼를 맛있고 건강한 음식으로 꼭 식사하세요.

댄서소나의 틱톡
한 권으로 끝내기
CLASS 1
초급반

사람들 앞에서 자신 있게 춤 실력을 뽐내고 싶은 친구들,
틱톡에 멋지고 재미있는 춤 영상을 올리고 싶은 친구들, 모두 모이세요!
여러분들을 위해 댄서소나가 특별한 수업을 시작합니다.
춤은 물론 틱톡 고수가 될 방법, 지금 한번 알아볼까요?

Lesson 1. 춤에 대해 알아보기

춤이란 무엇일까?

춤은 우리의 몸으로 자신의 감정과 말하고자 하는 바를 마음껏 표출하고 발산하는 예술 행위를 뜻해요. 자기 자신을 표현할 수 있는 가장 강렬한 방법이라고 할 수 있어요. 하나의 안무를 각자의 개성에 따라 다른 느낌을 낼 수 있다는 점도 무척 재미있죠.

하지만 무엇보다 춤을 추며 거울 앞에 섰을 때 당당해진다는 것이 춤의 가장 큰 매력이라고 생각해요. 무언가에 위축되거나 자존감이 떨어졌을 때도 거울 앞에서 춤을 추면 스스로에 대한 사랑이 깊어지고 자존감이 서는 걸 느낄 수 있죠. 그래서 많은 사람이 춤에 푹 빠지는 것일지도 몰라요.

춤의 장르는 무척 다양합니다. 한국 무용부터 현대 무용, 재즈 댄스, 발레, 댄스 스포츠, 그리고 스트리트 댄스라고 할 수 있는 힙합까지! 춤의 동기와 목적에 따라 수백 가지로 나뉘며 여러 가지 이름으로 불리고 있죠.

사용하는 음악과 안무, 기술들은 제각각 다를지 몰라도 몸짓과 손짓으로 자신의 개성을 나타낸다는 점에서 이 세상의 모든 춤은 결국 같은 길을 간다고 볼 수 있어요. 그러니 어떤 것을 배우든 상관없어요. 자신의 느낌과 통하는 음악과 춤을 선택해 여러분을 표현해보세요.

들어는 봤니, 걸스힙합?

저는 수많은 춤 중에서도 '걸스힙합'이라는 장르를 선택했어요. 걸스힙합이란, 힙합을 베이스로 하되 조금 더 선을 강조하고 웨이브와 부드러운 그루브 등과 같은 매력적인 동선들을 가미한 장르를 뜻해요. 최근 대부분의 K-POP 안무 중에 걸스힙합이 빠지지 않고 들어가 있죠.

기본적으로 힙합이라는 큰 틀 안에 팝핀과 비보잉, 크럼프, 왁킹, 락킹, 하우스, 그리고 걸스힙합이 포함되어 있어요. 그렇기 때문에 걸스힙합이라는 장르를 선택했다고 해서 그것만 추는 것이 아니라 다양한 힙합 장르를 배우고 습득하는 것이 좋아요.

댄서소나 X 걸스힙합

춤을 처음 만난 건 중학교 때였어요. 그때 친했던 친구들이 대부분 춤추고 노래 부르는 걸 좋아했거든요. 옆에서 아이들이 춤추는 모습을 보다가 "나도 한번 해 볼까?" 하는 생각이 들더라고요. 그래서 취미 삼아 시작했는데, 나도 모르게 춤에 푹 빠져버렸답니다. 지금도 정말 좋아하는 '푸시캣 돌스'라는 그룹의 콘서트 영상을 돌려보고 안무도 계속 따라 했죠.

고등학교에 입학한 후로는 본격적으로 춤을 췄어요. 특히, 걸스힙합이라는 장르에 몰두하며 새벽 연습도 마다하지 않았죠. 중학교 때는 그냥 재미로 춤을 췄다면, 고등학교 때는 진로에 대해 진지하게 고민하기 시작하면서 춤을 제 직업으로 삼겠다고 결심했거든요.

학교 끝나면 바로 학원으로 가 연습실에서 계속 춤만 췄어요. 선생님들과 저녁 식사를 하는 것이 유일한 휴식 시간이었죠. 그렇게 새벽까지 연습하고 집에 와서 씻고 잠깐 자고 바로 다시 학교로 갔어요. 지금 생각하면 어떻게 그런 스케줄을 소화했나 싶을 정도로 힘든 과정이었지만, 그때는 마냥 즐겁고 행복했어요. 춤에 대한 열정으로 가득 차 있었거든요.

춤, 학원에서만 배우니?

춤은 전문가에게 직접 배우는 것이 가장 좋은 방법이에요. 미처 챙기지 못해 놓칠 수도 있는 동작을 깔끔하게 잡아주고, 기본부터 고급 기술까지 차근차근 배울 수 있기 때문이죠. 그래서 많은 분이 춤을 배우기 위해 학원에 가요.

하지만 이제 막 춤에 관심을 가진 친구들, 그리고 수줍음이 많아 남들 앞에서 춤을 추기 망설여지는 친구들이 학원에 가는 것은 어려운 일이죠. 그래서 인터넷에 올라온 수많은 동영상을 찾아 집에서 혼자 춰보지만, 내 마음대로 팔다리가 움직이지 않아 답답했을 거예요.

그런 친구들을 위해 저, 댄서소나가 나섰습니다. 춤을 추기 전 꼭 알아야 하는 기초 상식부터 춤 실력에 바탕이 될 수 있는 기본 기술, 그리고 완성된 춤을 틱톡에 올릴 수 있는 알짜배기 노하우까지! 춤에 대한 모든 것을 알려줄게요. 그러니 걱정하지 말고 저와 함께 춤의 세계로 떠나볼까요? GO, GO!

너의 춤 실력을 보여줘! 필수 레벨 테스트

'나를 알고 적을 알면 백전백승'이라는 말을 들어본 적 있나요? 본격적으로 춤을 배우기 전에 내가 어느 정도 실력을 지녔는지 확인해보는 것이 먼저입니다. 그래야 내게 맞는 춤을 배울 수 있으니까요. 여러분들의 춤 실력을 확인하기 위해 간단한 레벨 테스트를 준비했어요. 10개의 문항에 체크만 하면 끝! 그럼 시작해 봅시다!

① 박자에 맞춰 리듬을 탈 수 있다. □

② 간단한 동작을 금방 따라 할 수 있다. □

③ 몸이 유연한 편이다. □

④ 춤과 관련된 영상을 자주 찾아본다. □

⑤ 춤의 장르 다섯 가지 이상을 말할 수 있다. □

⑥ 댄스 동아리 활동 및 댄스 수업을 들어본 적 있다. □

⑦ 몸을 움직이는 게 가벼운 편이다. □

⑧ 평소에 K-POP 댄스를 잘 따라 춘다. □

⑨ 주변에서 춤을 잘 춘다는 말을 들어본 적 있다. □

⑩ 거울 앞에서 자신감이 넘친다. □

★ 1~3개 선택 : 댄스 하수

★★ 4~7개 선택 : 댄스 중수

★★★ 8~10개 선택 : 댄스 고수

레벨 테스트 결과

댄스 하수 : 조금씩 몸을 움직이기 시작한 댄스 꿈나무!

초보라고 기죽었다고? NO, NO, NO! 춤에 흥미가 있고 관심이 있다는 것 자체가 시작의 큰 첫걸음이니까요! 아직 몸을 움직이는 게 어색해도 괜찮아요. 저와 함께 천천히 리듬 타는 방법을 배우고 춤의 기술을 하나하나 배워나가면 길거리에서 흘러나오는 음악에 맞춰 어느새 춤을 추고 있을지도 몰라요. 그러니 처음부터 너무 욕심내지 말고 기본부터 차근차근 다져나갑시다!

댄스 중수 : 댄스 고수를 향한 고지가 바로 눈앞에!

춤을 배울 때 이 시기가 가장 중요해요. 이때 어떻게, 얼마나 연습하느냐에 따라 댄스 고수가 될 수 있기 때문이죠. 하수 시절 단단히 다져놓은 기본기로 장르 가리지 않고 다양한 노래를 즐기며 춤을 출 수 있다면, 이제 본인이 원하고 즐길 수 있는 장르를 집중적으로 파헤쳐 봐요. 기초가 몸에 밴다면 충분히 해낼 수 있을 거예요!

댄스 고수 : 누구보다 멋진 당신! 이제 틱톡에 진출할 차례!

세상에나! 춤의 고수셨군요? 대단합니다! 춤이란 장르를 즐길 수 있을 때까지 노력해온 여러분을 위해 박수! 하지만 여기서 끝이 아니죠? 춤의 세계에 한번 발을 들인 이상 끊임없이 노력하고 연습해야 하는 법! 이젠 동작에서 여유를 찾아볼 때예요! 강약조절의 끝판왕이 되어서 틱톡에 멋진 영상을 올리는 그 날까지 쭉 함께해요!

Lesson 2.

유연성이 쑥쑥! 스트레칭 배우기

춤을 추기 전 충분히 스트레칭해 몸을 풀어주는 것이 매우 중요해요. 스트레칭을 하면 체온이 높아져 몸의 긴장을 풀어주고, 근육이 적당히 이완되어 춤을 추다가 발생할 수 있는 부상을 예방할 수 있거든요. 만약 스트레칭 없이 격한 춤을 추면 근육이 놀라서 근육통이 생기기 쉬워요. 그러니 춤추기 전 꼭 몸을 풀어줍시다. 댄서소나가 필수 스트레칭 노하우를 알려줄게요!

POINT 1. 목 스트레칭

1 두 다리를 어깨너비보다 넓게 벌리고 똑바로 서서 정면을 바라보세요.

2 고개를 좌우 방향으로 천천히 돌리며 굳어 있던 목 근육을 부드럽게 풀어주세요.

3 고개를 위아래 방향으로 천천히 움직이며 굳어 있던 목 근육을 부드럽게 풀어주세요. 같은 과정을 4회 반복하세요.

POINT 2. 어깨 스트레칭

1 두 다리를 어깨너비보다 넓게 벌리고 똑바로 서서 정면을 바라보세요.

2 오른쪽 어깨를 뒤로 원을 그리며 천천히 돌려주다가 다시 앞으로 원을 그리며 천천히 돌려주세요.

3 왼쪽 어깨를 뒤로 원을 그리며 천천히 돌려주다가 다시 앞으로 원을 그리며 천천히 돌려주세요.

4 양쪽 어깨를 뒤로 원을 그리며 천천히 돌려주다가 다시 앞으로 원을 그리며 천천히 돌려주세요. 같은 과정을 4회 반복하세요.

POINT 3. 허리 스트레칭

1 두 다리를 어깨너비보다 조금 더 넓게 벌려주세요.

2 두 손을 머리 위로 쭉 올린 뒤 정면을 바라보세요.

3 **2**의 상태에서 숨을 천천히 내쉬면서 오른쪽으로 내려가세요.

4 숨을 천천히 들이쉬면서 다시 올라와 정면을 바라보세요. 이때, 자세가 흔들리지 않도록 주의합니다.

5 두 손을 머리 위로 쭉 올린 상태에서 숨을 천천히 내쉬면서 왼쪽으로 내려가세요. 옆으로 숙일 때 허리가 굽어지지 않도록 유의하세요.

6 숨을 천천히 들이쉬면서 다시 올라와 정면을 바라보세요. 같은 과정을 4회 반복하세요.

POINT 4. 골반 스트레칭

1 두 다리를 어깨너비보다 조금 더 넓게 벌려주세요.

2 무릎을 살짝 구부리고 허리를 앞으로 넣은 후 골반을 뒤로 빼주세요.

3 골반을 오른쪽 위로 올렸다가 제자리로 돌아오세요.

4 골반을 왼쪽 위로 올렸다가 제자리로 돌아오세요. **3**과 **4**를 반복하면서 몸의 중심은 가운데를 유지하세요. 같은 과정을 4회 반복하세요.

POINT 5. 허벅지 스트레칭

1 제자리에 서서 한쪽 발을 뒤로 접어 발목을 붙잡으세요.

2 허벅지 근육에 자극이 가도록 발목을 가볍게 뒤로 당기세요.

3 **2**의 상태에서 15초 이상 멈춘 후, 반대쪽도 같은 방법으로 스트레칭하세요. 같은 과정을 4회 반복하세요.

3

POINT 6. 종아리 스트레칭

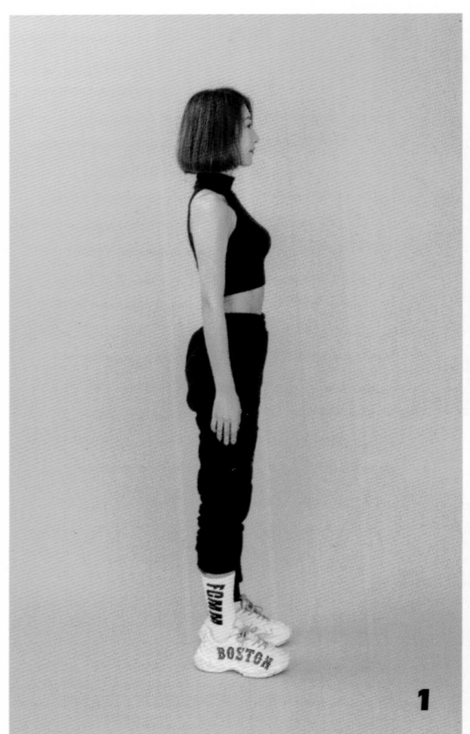

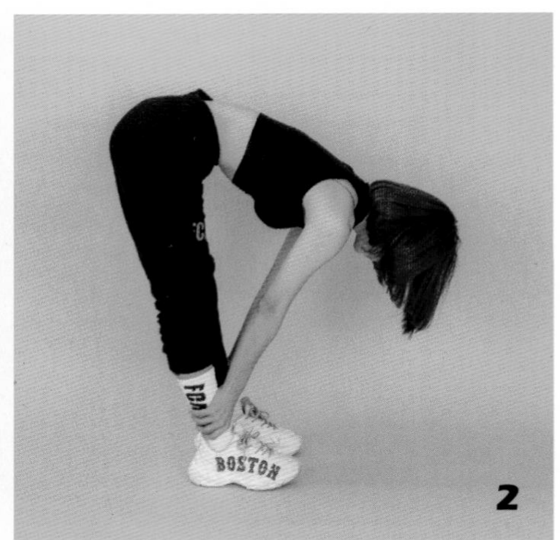

1 두 다리를 어깨너비로 벌리고 똑바로 서서 정면을 바라보세요.

2 몸을 앞으로 숙여 반으로 접고 두 손으로 발목을 붙잡으세요.

3 한쪽 무릎을 구부리고 15초간 자세를 유지하세요.

4 반대쪽도 같은 방법으로 스트레칭하세요. 같은 과정을 4회 반복하세요.

4

POINT 7. 다리 스트레칭

1 다리를 쭉 뻗고 앉은 상태에서 천천히 다리를 벌려주세요.

2 두 다리의 각도가 90°가 되어 허벅지에 힘이 들어갈 때 멈춰주세요.

3 그 상태에서 몸을 앞으로 숙인 뒤 5분간 유지합니다.

4 어느 정도 자세가 익숙해지면 다리를 더 벌려주세요. 이런 식으로 조금씩 다리의 각도를 넓혀 180°까지 찢는 연습을 해주세요.

Lesson 3.

초보자가 꼭 알아야 하는 기본 바운스

춤을 출 때 가장 중요한 것이 바로 리듬을 타는 것이에요. 이때, 바운스 동작이 자연스럽게 리듬을 탈 수 있도록 도와주죠. 초보자라면 필수로 배워둬야 하는 기본 바운스 동작을 알려줄게요!

POINT 1. 다운 바운스

1 두 다리를 어깨너비만큼 벌린 후 정면을 바라보세요.

2 골반이 뒤로 빠지지 않게 주의하며 무릎을 굽혔다, 폈다를 반복하세요.

3 무릎을 굽힘과 동시에 가슴을 살짝 안으로 넣어주며 상체를 숙여주세요.

4 무릎을 폈을 때는 안으로 넣었던 가슴을 밖으로 빼내며 허리를 펴주세요. 동작을 반복하며 리듬을 타주세요.

좋아하는 음악을 틀어놓고 바운스를 타보세요.
리듬에 맞춰 자연스럽게 몸을 움직이는 것이 좋습니다.

POINT 2. 업 바운스

1 두 다리를 어깨너비만큼 벌린 후 정면을 바라보세요.

2 다운 바운스와는 달리 아래에서 위로 튕겨 올린다는 느낌으로 무릎을 굽혔다 펴주세요. 무릎을 굽혔을 때 상체를 살짝 숙여주세요.

3 무릎을 폈을 때 가슴을 밖으로 끌어당긴다고 생각하며 상체를 올려주세요. 위의 동작을 반복하며 리듬을 타주세요.

댄서소나 Tip

다운 바운스가 몸을 아래로 내리는 느낌이라면
업 바운스는 이름 그대로 몸을 아래에서 위로 튕겨 올린다는 느낌으로 움직이세요.

앞에서 배운 바운스를 연결 동작으로 한번 해볼까요?

Let's Dance

1 두 다리를 어깨너비만큼 벌린 후 정면을 바라보세요.

2 골반이 뒤로 빠지지 않게 주의하며 무릎을 굽혔다, 폈다를 반복하세요.

3 무릎을 굽힘과 동시에 가슴을 살짝 안으로 넣어주며 상체를 숙여주세요.

영상은 여기에서 확인하세요!

4 무릎을 폈을 때는 안으로 넣었던 가슴을 밖으로 빼내며 허리를 펴주세요.

5 리듬을 타다가 아래에서 위로 튕겨 올린다는 느낌으로 무릎을 굽혔다 펴주세요. 무릎을 굽혔을 때 상체를 살짝 숙여주세요.

6 무릎을 폈을 때 가슴을 밖으로 끌어당긴다고 생각하며 상체를 올려주세요.

Lesson 4.

초보자가 꼭 알아야 하는 기본 스텝

여러 가지 동작을 하기 위해서는 기본 스텝을 반드시 습득해야만 해요.

스텝만 제대로 익혀두면 다양한 안무를 수월하게 배울 수 있기 때문이죠.

초보자라면 반드시 꼭 알아야 하는 기본 스텝 베스트 5, 지금 공개합니다!

POINT 1. 원스텝 : 좌우 혹은 앞뒤 한 걸음씩 움직이는 가장 기본이 되는 스텝이에요.

1 제 자리에 서서 무릎을 굽혔다, 폈다를 반복하면서 자연스럽게 리듬을 타주세요.

2 무릎을 굽힌 상태에서 오른발을 들어 올리세요.

3 오른발로 바닥을 찍은 뒤 왼발이 오른발을 자연스럽게 따라갈 수 있도록 합니다.

4 두 발이 모두 옆으로 옮겨졌을 때 무릎을 펩니다.

댄서소나 Tip

1번 과정에서 리듬을 탈 때 다운 바운스를 기본으로 몸을 움직여 주세요.

5 반대쪽도 위와 같은 동작을 반복하며 상하좌우 원하는 방향으로 움직여 주세요.

5

POINT 2. 더블 스텝 : 원하는 방향으로 두 번 짚고 이동하는 스텝이에요.

1 제 자리에 서서 무릎을 굽혔다, 폈다를 반복하면서 다운 바운스로 자연스럽게 리듬을 타주세요.

2 무릎을 굽힌 상태에서 오른발을 뻗어 바닥을 한 번 짚고, 왼발은 오른발을 따라 미끄러져 들어온다는 느낌으로 움직입니다.

3 두 발이 모두 옆으로 옮겨졌을 때 무릎을 폅니다.

4 다시 한 번 무릎을 굽힌 상태에서 오른발을 뻗어 바닥을 한 번 짚고, 왼발은 오른발을 따라 미끄러져 들어온다는 느낌으로 움직입니다.

5 두 발이 모두 옆으로 옮겨졌을 때 무릎을 펍니다.

6 반대쪽도 위와 같은 동작을 반복하며 상하좌우 원하는 방향으로 움직여 주세요.

이름 그대로 더블 스텝은 옆으로 두 번 움직이는 스텝입니다.
한쪽으로 움직이는 것에 익숙해졌다면, 다양한 방향으로 이동해보세요.

POINT 3. 엔 스텝 : 스텝과 스텝 사이에 박자를 나눠줄 때 들어가는 스텝이에요.

1 두 다리를 어깨너비만큼 벌린 후 정면을 바라보세요.

2 무릎을 살짝 굽히며 오른발을 뒤로 짧게 짚은 뒤 왼발을 사선 앞으로 놓고, 오른발이 왼발 옆으로 자연스럽게 따라오도록 해주세요.

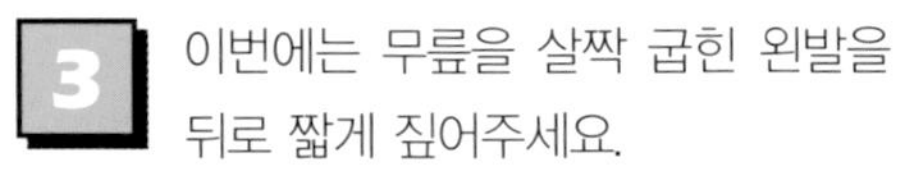

3 이번에는 무릎을 살짝 굽힌 왼발을 뒤로 짧게 짚어주세요.

4 오른발을 사선 앞에 놓고, 왼발이 옆으로 자연스럽게 따라오게 하세요.

스텝과 스텝 사이에 들어가는 스텝인 만큼 박자 맞추기가 어려워요.
처음부터 급하게 동작을 하지 말고, 하나씩 차근히 따라 해보세요.

POINT 4. 크로스 스텝 : 말 그대로 두 발을 빠르게 교차하며 박자를 타는 스텝이에요.

1 두 다리를 어깨보다 넓게 벌린 상태에서 무릎을 가볍게 굽혔다 펴주며 다운 바운스로 리듬을 타주세요.

2 리듬을 계속 타다가 다운 바운스에서 업 바운스로 바뀔 때 오른발을 앞으로, 왼발을 뒤로 크로스해주세요.

3 두 발을 원래 자리로 빠르게 돌아오세요. 동작을 반복하며 상하좌우 원하는 방향으로 움직여 주세요.

댄서소나 Tip 다른 무엇보다 스피드가 생명인 스텝이에요. 양발을 교차했다가 다시 원래대로 빠르게 돌아올 수 있도록 연습하세요.

3

POINT 5. 체인지 스텝

: 무게 중심을 가운데에 두고 왼발과 오른발의 자리를 바꿔주며 박자를 타는 스텝이에요.

1 두 다리를 어깨너비보다 넓게 벌린 상태로 왼발에 중심을 두고 오른발을 뒤로 짚어 주세요. 상체는 왼쪽 사선을 바라보세요.

2 그 상태에서 다운 바운스를 타주세요.

3 업 바운스로 바뀔 때 몸을 오른쪽으로 살짝 틀어주고 두 다리를 모아주세요.

4 오른발을 왼발이 있던 중심에 짚어주며, 다운 바운스로 왼발을 바깥 방향을 향해 짚어주세요.

5 다시 다운 바운스를 한 번 타준 뒤 업 바운스로 바뀔 때 몸을 왼쪽 사선으로 바꿔주면서 두 다리를 모아주세요.

6 왼발을 오른발이 있던 자리로 오게 하고 다운 바운스와 함께 오른발을 바깥으로 짚어주세요. 위의 동작을 반복하며 상하좌우 원하는 방향으로 움직여 주세요.

다운 바운스와 업 바운스를 동시에 사용하는 스텝인 만큼 두 가지 바운스를 완벽하게 터득한 뒤 시도해보세요.

Bonus Lesson 1.

24시간이 모자라! 댄서소나의 하루

댄서 그리고 틱톡커로서 누구보다 바쁜 나날을 보내고 있는 댄서소나의 하루가 궁금한가요?

그렇다면 여기를 주목하세요!

이른 아침부터 새벽까지 하루 24시간을 알차게 보내는 댄서소나의 일상을 지금 공개합니다!

AM 06:00

07:00

08:00

09:00

10:00

11:00

PM 12:00

13:00

아침에 일어나 간단한 스트레칭으로 밤사이 굳어진 몸을 풀어줘요. 건강에 좋다는 미지근한 물 한 잔을 꿀꺽 마시고 제일 먼저 사랑스러운 고양이들의 밥을 챙기죠. 저는 간단한 시리얼로 아침 식사를 해결해요.

식탁 정리를 하고 서둘러 외출 준비를 해요. 샤워하고 간단한 메이크업도 하죠. 조금 시간이 남으면 밖에서 촬영할 내용을 미리 점검할 때도 있어요. 어떤 영상을 찍을지 매일 고민하고 또 고민해야 만족스러운 결과물을 얻어낼 수 있답니다.

촬영을 도와주러 일산까지 찾아온 친구들과 함께 재미있게 틱톡 영상을 찍어요. 보통 촬영은 화요일, 수요일, 목요일에 진행됩니다. 서로의 모습을 찍어주다가 번뜩이는 아이디어로 재미있는 영상을 추가로 촬영하기도 해요. 힘들지만 하루 중 제일 재미있는 이 시간!

PM 14:00

15:00

16:00

17:00

18:00

19:00

20:00

늦은 점심을 간단히 해결하고 다시 집으로 갑니다. 집사가 없어 심심했을 고양이들의 상태를 확인하고 컴퓨터를 켜서 나중에 촬영할 것들을 검색해 봐요. 해외 틱톡커들의 영상을 보며 아이디어를 많이 얻는 편이에요.

이제는 저녁을 먹을 시간이에요! 제가 제일 좋아하는 김치볶음밥을 간단히 만들어봅니다. 잘 볶아진 김치볶음밥에 치즈를 올리면 완성! 자주 먹던 거지만, 먹을 때마다 새롭고 맛있어요. 밥을 다 먹고 고양이들의 저녁도 챙겨줍니다.

PM 21:00

최근에 틱톡커 샤나, 민주와 함께 결성한 '블랑쉬'라는 프로젝트 그룹 회의를 진행해요. 멀리 떨어져 살기 때문에 직접 만나지는 못하고, 매일 저녁 인터넷에서 채팅으로 이야기를 나누죠. 앞으로 할 공연에서 어떤 안무를 출지 정해요.

22:00

23:00

24:00

회의에 정해진 안무를 연습해요. 주로 집에 걸린 전신 거울 앞에 서서 춤 연습을 합니다. 거울 속의 내 모습이 마음에 든다면 연습은 어느 정도 성공적이에요. 만약 마음에 들지 않는다면 될 때까지 연습하고 또 연습해요.

AM 01:00

02:00

늦게까지 이어진 연습을 마무리하고 잘 준비를 합니다. 흠뻑 흘린 땀을 따뜻한 물로 씻어내고 보디로션을 바르며 부드럽게 마사지도 해요. 마지막으로 고양이들과 굿나잇 인사를 나누고 바빴던 하루를 마무리해요.

03:00

Bonus Lesson 2.

Let's Dance! 댄서소나 레전드 틱톡 댄스 영상 모음 !

1. #쌍둥이 댄스 #하프앤하프

잼써, 잼써~

이젠 내 차례야!
132.7K
520
3633
@댄서소나
@Dancer sona과(와) 함께 #duet하기
#하프앤하프 #쌍둥이댄스 소나의
쌍둥이 댄스 신청곡을 받겠습니다
a Ahmed Damn Mummy
댓글 추가
132.7K
520
3633
@댄서소나
@Dancer sona과(와) 함께 #duet하기
#하프앤하프 #쌍둥이댄스 소나의
쌍둥이 댄스 신청곡을 받겠습니다
ummy - Menna Ahmed
댓글 추가

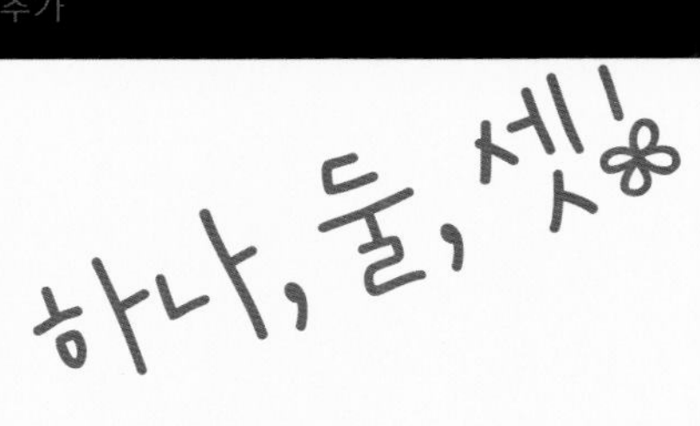
하나, 둘, 셋!

2. #더빙 #겨울왕국

똑, 똑~ Do you wanna build a snowman?

춤 빵야, 빵야!!!

116.5K
477
11.4K
@댄서소나
#하프앤하프 #더빙 알았어 문열어주께 화내지말어어 소나의 문을 두드려보뀨나! 쾅쾅쾅쾅!!!!!!
you wanna build a snowm
댓글 추가

116.5K
477
11.4K
@댄서소나
#하프앤하프 #더빙 알았어 문열어주께 화내지말어어 소나의 문을 두드려보뀨나! 쾅쾅쾅쾅!!!!!!
ɔzen, Tik Tok Do you wai
댓글 추가

엄마야!

3. #하프앤하프 # 댄스배틀

댄스 배틀, 시작!
359.0K
1919
13.5K
@댄서소나
@Dancer sona과(와) 함께 #duet하기
오우예!! 두번째 댄스 #하프앤하프
#댄스배틀 소나와 함께 레고!
Get Ugly - Jason Derulo

밧줄로 댕겨, 댕겨~!
359.0K
1919
13.5K
@댄서소나
@Dancer sona과(와) 함께 #duet하기
오우예!! 두번째 댄스 #하프앤하프
#댄스배틀 소나와 함께 레고!
n Derulo Get Ugly - Jasc

359.0K
1919
13.5K
@댄서소나
@Dancer sona과(와) 함께 #duet하기
오우예!! 두번째 댄스 #하프앤하프
#댄스배틀 소나와 함께 레고!
Get Ugly - Jason Derulo

359.0K
1919
13.5K
@댄서소나
@Dancer sona과(와) 함께 #duet하기
오우예!! 두번째 댄스 #하프앤하프
#댄스배틀 소나와 함께 레고!
- Jason Derulo Get Ugly

오, 좀 하는데?
신나는 댄스 배틀!

4. #동심이방울방울 #피카츄

삐카츄! 삐카츄!

삐카츄!

(애 모야...?)

@댄서소나
#동심이방울방울
이게뭐얗ㅌㅋㅋㅋㅋㅋㅋㅋ
아이콤ㅋㅋㅋㅋㅋㅋㅋ 재밌는
스티커네욕ㅋㅋ
2 - 大谷育江 (おおたに いく
64.9K
496
562
댓글 추가

피카츄~피카츄~피카츄!

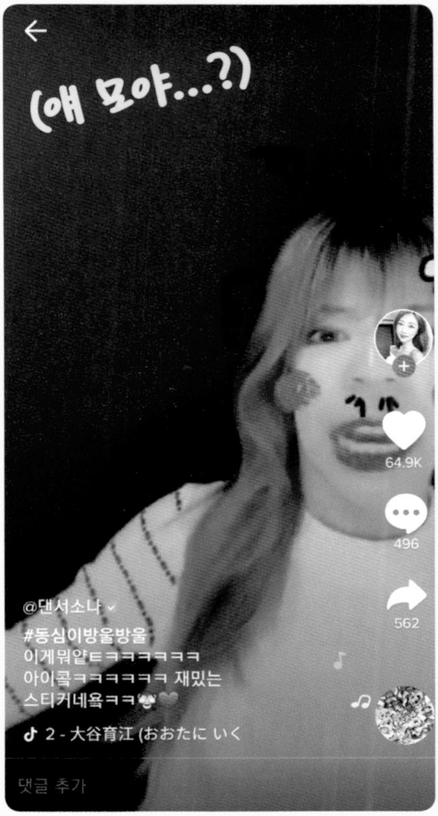

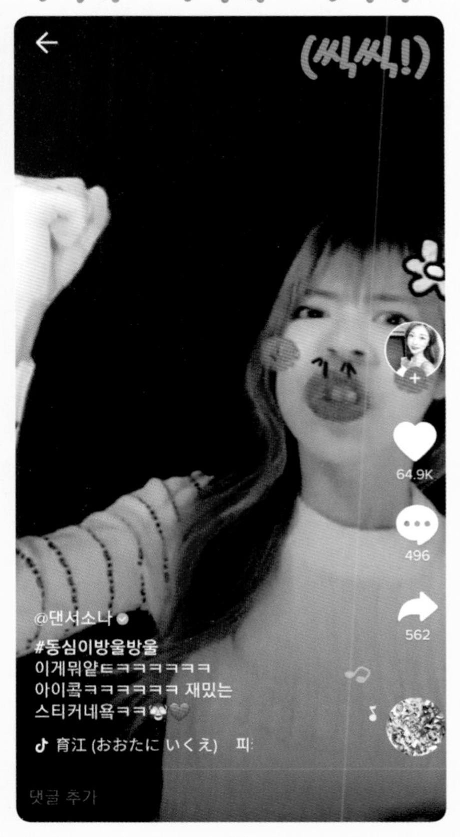

5. #힙합 #댄스댄스

신나게 춤추자!

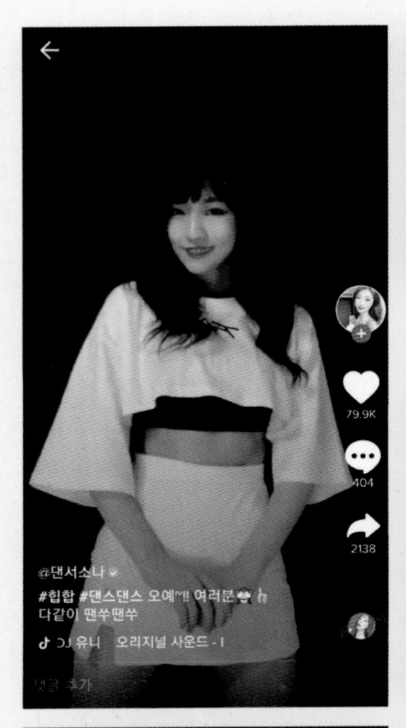

역시 댄서소나하면 춤이지!

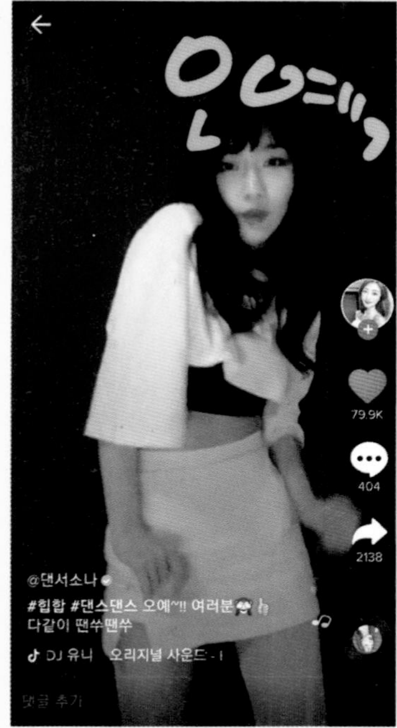

댄서소나의 틱톡
한 권으로 끝내기

• • •

CLASS 2

중급반

어느 정도 음악과 리듬에 익숙해지고 춤에 대한 기본 기술을 익혔다면 다음 단계로 나아갈 때! 조금 더 세련되고 멋들어지게 춤을 출 수 있는 댄서소나의 특급 노하우를 모두 공개합니다!

U

중수가 꼭 알아야 하는 기본 골반 돌리기

춤을 출 때 골반은 매우 중요한 역할을 해요. 상체의 움직임과 하체의 움직임을 자연스럽게 연결하는 매개체가 되기 때문이죠. 골반을 부드럽고 능숙하게 돌릴 수 있다면 춤의 퀄리티가 훨씬 높아질 거랍니다. 아직 골반을 어떻게 돌려야 할지 모르겠다는 여러분을 위해 알짜배기 골반 돌리기 팁을 알려드릴게요!

POINT 1. 베이식 골반 돌리기

: 가장 기본이라고 할 수 있는 골반 돌리기 방법이에요. 중심을 중앙에 두고 몸이 흐트러지지 않도록 고정한 후 골반만 움직이는 것이 포인트!

1

2

3

1 두 다리를 어깨너비만큼 적당히 벌린 뒤 허리를 곧게 세우고 가슴을 펴주세요. 이때, 무릎을 살짝 굽혀줍니다.

2 시계추가 움직이는 것처럼 오른쪽 골반을 위로 쭉 잡아당기듯 올려주세요.

3 올라갔던 오른쪽 골반을 다시 내려주세요.

4 이번에는 왼쪽 골반을 위로 쭉 잡아당기듯 올려주세요.

5 올라갔던 왼쪽 골반을 다시 내려주세요. 동작을 반복하며 바이킹처럼 골반 움직임의 폭을 천천히 넓혀주세요.

순서대로 천천히 동작을 해보다가 어느 정도 익숙해지면 각 동작이 자연스럽게 이어질 수 있도록 속도를 조금 높여보세요.

POINT 2. 서클 골반 돌리기

: 골반 돌리기의 기초를 마스터했다면, 이제는 조금 더 동작을 가미해 골반을 돌려봅시다.

1

2

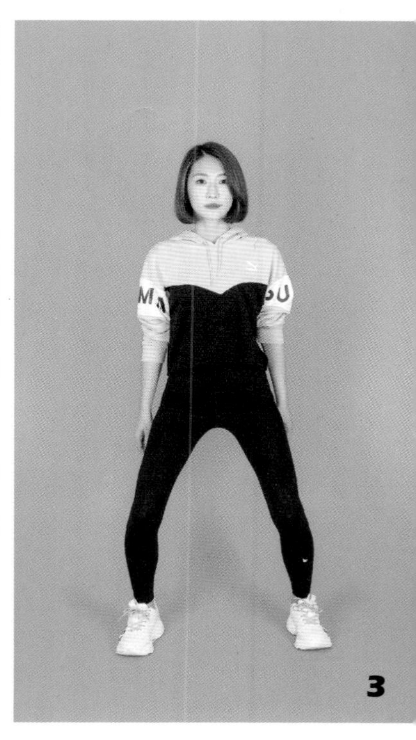
3

1 두 다리를 어깨너비만큼 적당히 벌려준 뒤 허리를 곧게 세우고 가슴을 펴주세요. 이때, 무릎을 살짝 굽혀줍니다.

2 골반을 오른쪽으로 밀듯이 부드럽게 움직이세요.

3 가슴을 활짝 열고 허리를 넣어준 후 골반을 뒤로 빼주세요.

4 다시 기본자세로 돌아오며 골반을 왼쪽으로 밀듯이 부드럽게 움직이세요.

5 마지막으로 허리를 살짝 구부리고 골반을 앞으로 밀어주세요. 동작을 반복해 원을 그리듯 부드럽게 골반을 풀어주세요.

3번 과정에서 무게 중심을 중앙에 놓고 흐트러지지 않도록 고정하는 것이 포인트!

앞에서 배운 골반 돌리기를 연결 동작으로 한번 해볼까요?

Let's Dance

영상은 여기에서 확인하세요!

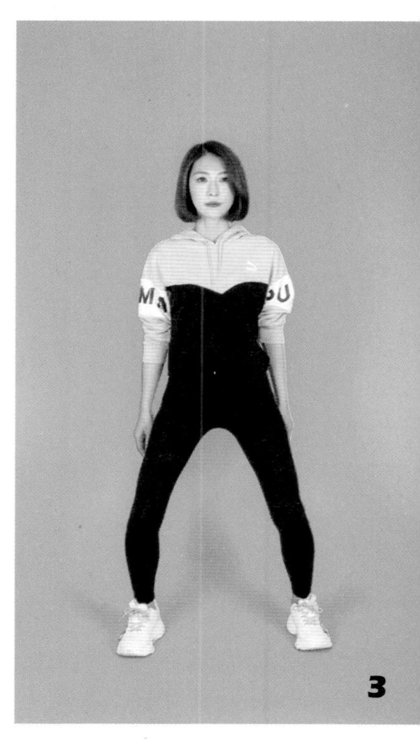

1 두 다리를 어깨너비만큼 적당히 벌린 뒤 무릎을 살짝 굽혀줍니다. 이때, 허리를 곧게 세워주고 가슴을 펴주세요.

2 시계추가 움직이는 것처럼 오른쪽 골반을 위로 쭉 잡아당기듯 올려주세요.

3 올라갔던 오른쪽 골반을 다시 내려주세요.

4

5

8

9

4 이번에는 왼쪽 골반을 위로 쭉 잡아당기듯 올려주세요.

5 올라갔던 왼쪽 골반을 다시 내려주세요.

6 골반을 오른쪽으로 밀듯이 부드럽게 움직이세요.

7 가슴을 활짝 열고 허리를 넣어준 후 골반을 뒤로 빼주세요. 이때, 무게 중심을 중앙에서 흐트러지지 않도록 고정합니다.

8 다시 기본자세로 돌아오며 골반을 왼쪽으로 밀듯이 부드럽게 움직이세요.

9 마지막으로 허리를 살짝 구부리고 골반을 앞으로 밀어주세요. 동작을 반복해 스윙하듯 부드럽게 골반을 풀어주세요.

Lesson 2.

중수가 꼭 알아야 하는 기본 웨이브

'춤'이라는 단어를 들었을 때 많은 사람이 머릿속으로 떠올리는 동작이 바로 웨이브예요. 그만큼 춤에 있어서 가장 대표적인 동작이자 필수적인 동작이죠. 하지만 몸 전체를 움직여야 하는 만큼 웨이브를 터득하는 게 말처럼 쉬운 일은 아니에요. 웨이브 배우는 것에 어려움을 겪고 있는 친구들에게 초대박 웨이브 꿀팁을 살짝 알려줄게요!

POINT 1. 상체 웨이브

: 웨이브를 배울 때 머리, 가슴, 배, 그리고 골반으로 나누고 몸을 움직여야 해요. 조금 더 쉽게 이해하기 위해 상체와 하체를 나눠서 동작을 배우는 게 좋아요. 상체는 머리부터 배꼽 위까지를 나타냅니다. 그럼 시작해볼까요?

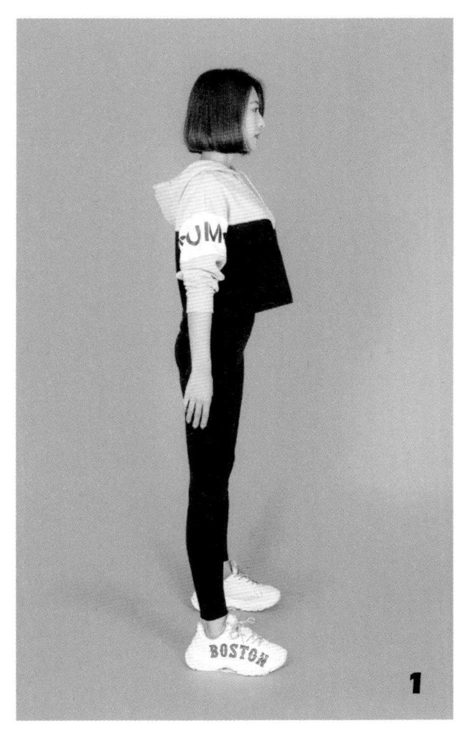

1 두 다리를 어깨너비만큼 벌려준 뒤 허리를 곧게 세우고 가슴을 펴주세요.

2 앞에 벽이 있다고 생각하며 머리를 숙이듯 내밀어주세요.

3번 과정에서 몸의 중심이 흔들리지 않도록 양발을 바닥에 단단히 고정합니다.

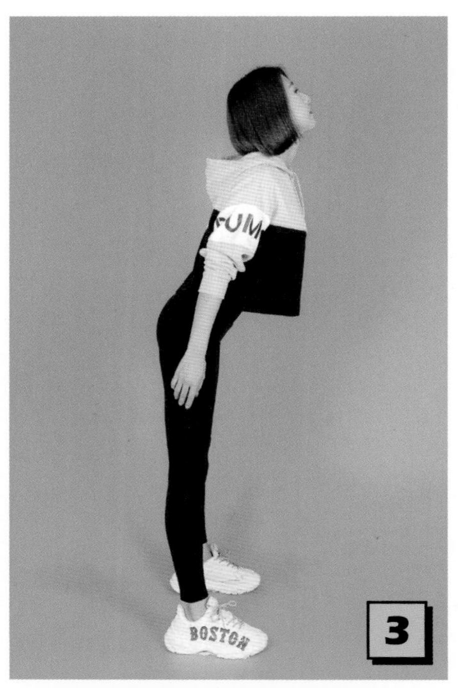

3 머리를 뒤로 당기어주듯 올리고, 가슴을 앞으로 내밀어주세요.

4 허리에 커브가 생길 만큼 가슴을 내밀었다가, 다시 뒤로 넣으며 제자리로 돌아옵니다.

POINT 2. 하체 웨이브

: 하체를 자연스럽게 움직여야 웨이브를 완성할 수 있습니다. 하체는 배꼽 아래 골반까지를 말해요. 저를 따라 한번 움직여보세요!

1 두 다리를 어깨너비만큼 벌려준 뒤 허리를 곧게 세우고 가슴을 펴주세요.

2 배를 앞으로 쭉 내밀어주세요.

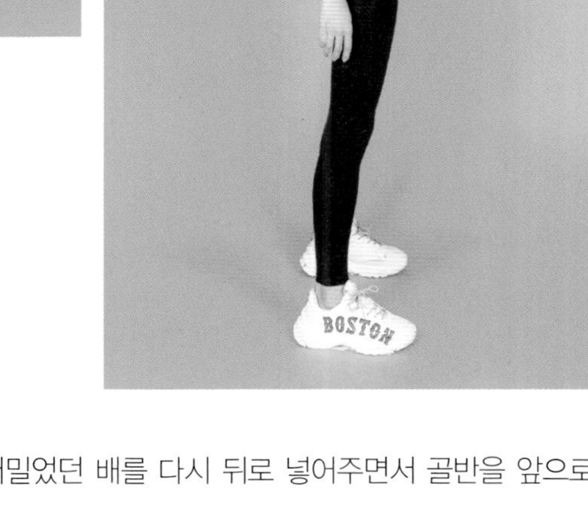

3 내밀었던 배를 다시 뒤로 넣어주면서 골반을 앞으로 움직이세요.

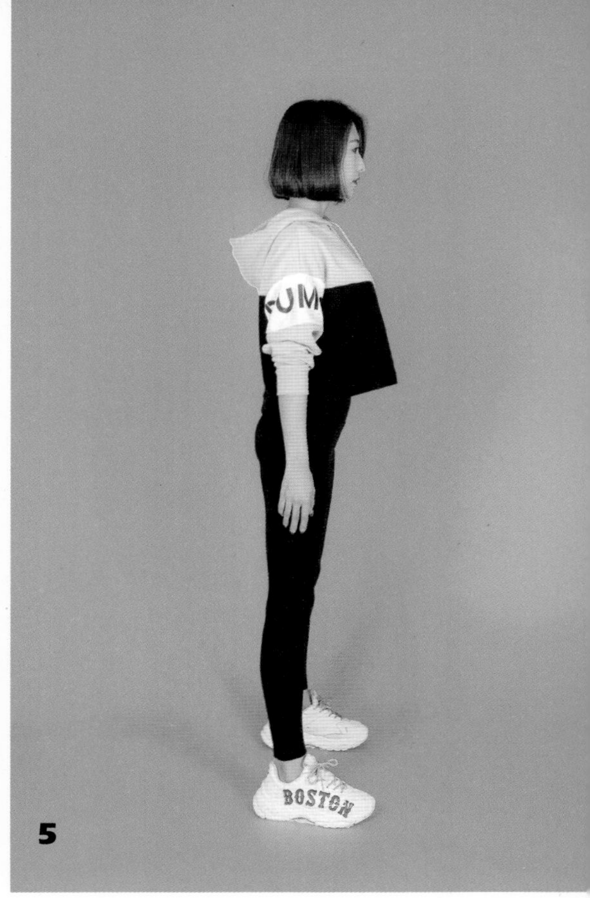

4 다시 골반을 뒤로 보내주면서 중심을 잡아주세요.

5 몸을 위로 튕긴다는 느낌으로 쭉 펴서 바로 서주세요.

댄서소나 **Tip**

4번 과정에서 골반을 뒤로 보내면서 중심을 잡을 때 무릎을 살짝 구부려주세요.

앞에서 배운 웨이브를 연결 동작으로 한번 해볼까요?

Let's Dance

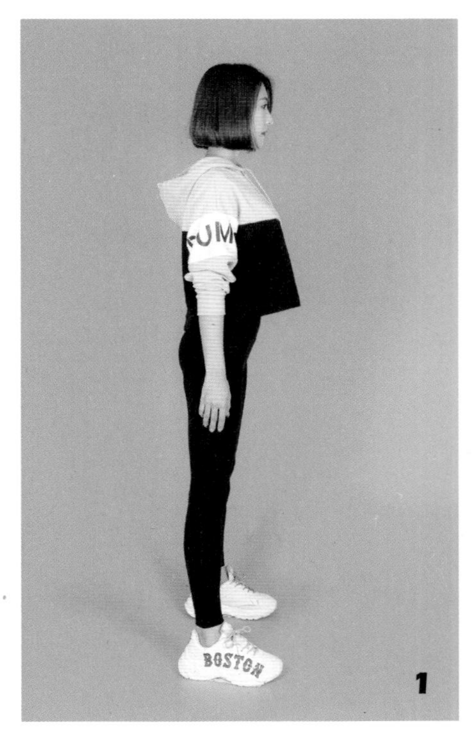

1 두 다리를 어깨너비만큼 벌려준 뒤 허리를 곧게 세우고 가슴을 펴주세요.

2 앞에 벽이 있다고 생각하며 머리를 숙이듯 내밀어주세요.

3 머리를 뒤로 당기어주듯 올리고, 가슴을 앞으로 내밀어주세요. 이때, 몸의 중심이 흔들리지 않도록 양발을 바닥에 단단히 고정합니다.

4 허리에 커브가 생길 만큼 가슴을 내밀었다가, 다시 뒤로 넣으며 배를 앞으로 쭉 내밀어주세요.

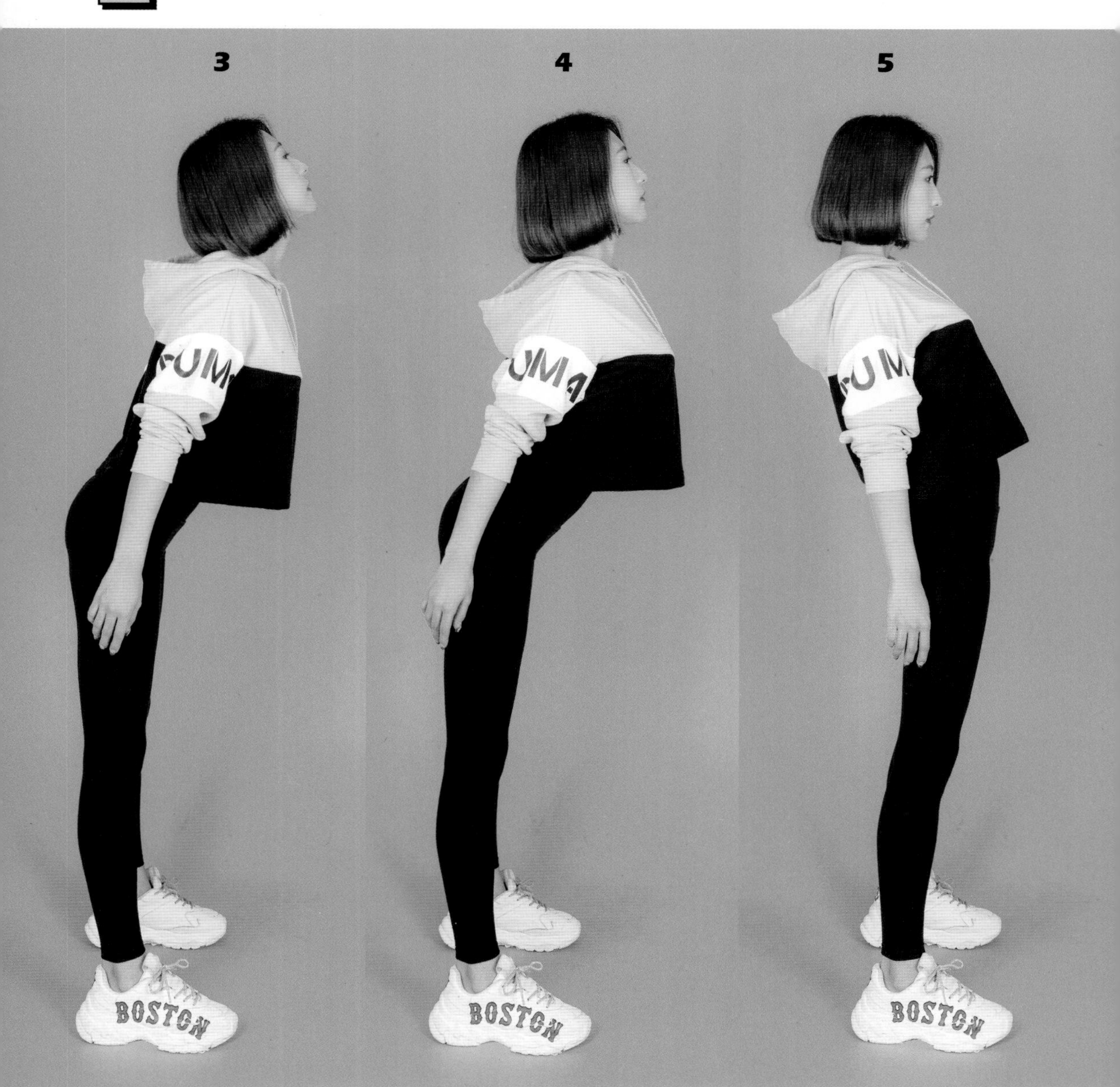

5 내밀었던 배를 다시 뒤로 넣어주면서 골반을 앞으로 움직이세요.

6 다시 골반을 뒤로 보내주면서 중심을 잡아주세요. 이때, 무릎은 살짝 구부정하게 구부리고 있어야 합니다.

7 몸을 위로 튕긴다는 느낌으로 쭉 펴서 바로 서주세요.

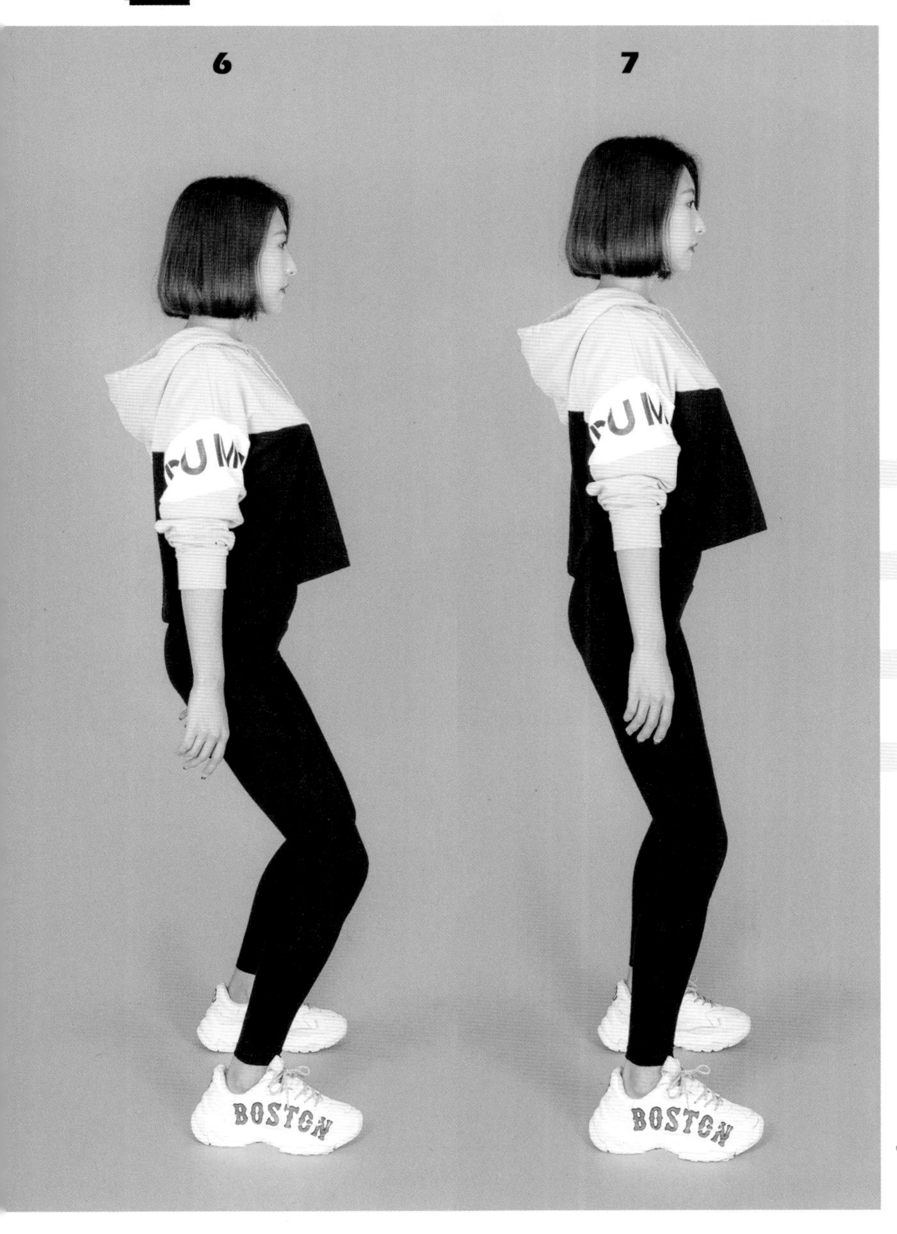

영상은 여기에서 확인하세요!

Lesson 3.

중수가 꼭 알아야 하는 기본 아이솔레이션

영어 단어 '아이솔레이션(isolation)'은 분리, 구분, 별도라는 뜻이에요. 춤을 출 때 목, 어깨, 가슴, 골반 등 각 부분을 따로따로 움직이는 동작을 아이솔레이션이라고 한답니다. 여러 가지 아이솔레이션 동작이 있지만, 가장 기본이라고 할 수 있는 목 아이솔레이션과 상체 아이솔레이션을 배워봅시다!

POINT 1. 목 아이솔레이션

: 말 그대로 목을 움직이는 아이솔레이션이에요. 춤을 출 때 다소 어색할 수 있는 목 윗부분을 자연스럽게 연결해주는 동작입니다.

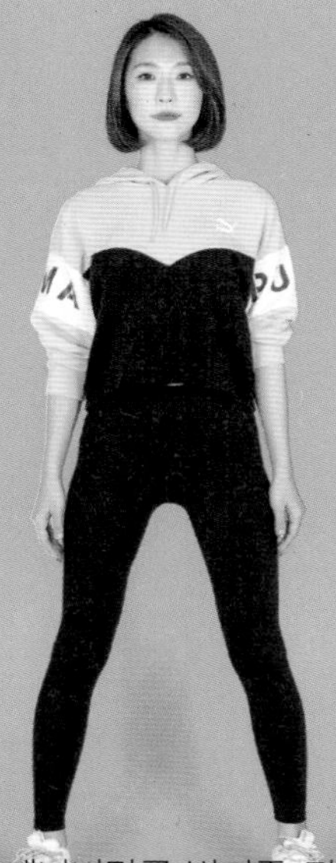

1 두 다리를 어깨너비만큼 벌려준 뒤 허리를 곧게 세우고 가슴을 펴주세요. 고개는 앞으로 빼지 않고 뒤로 당기어 중심을 잡아주세요.

2 목을 옆으로 밀어주는 느낌으로 오른쪽으로 보내주세요. 이때, 턱으로 밀어 움직이지 않도록 주의합니다.

3 오른쪽으로 보낸 목을 앞으로 쭉 밀듯이 빼내세요.

4 앞으로 밀어준 목을 왼쪽 뒤로 부드럽게 밀며 보내주세요. 동작을 여러 번 반복하며 목 아이솔레이션을 연습하세요.

댄서소나 Tip

목을 돌릴 때 턱이 들리거나 앞으로 나아가지 않도록 주의하세요.

POINT 2. 상체 아이솔레이션

: 원을 돌리듯 몸을 움직인다고 하여 '서클'이라고도 불리는 상체 아이솔레이션이에요. 가장 기본적인 동작이라 여러 가지 안무에 응용할 수 있습니다.

1 두 다리를 어깨너비만큼 벌려준 뒤 허리를 곧게 세우고 가슴을 펴주세요.

2 늑골을 밖으로 밀어내는 느낌으로 가슴만 오른쪽을 향해 내밀어주세요. 허리 부분에 커브가 생기게끔 가슴을 따라 허리도 함께 오른쪽으로 살짝 움직이세요.

3 오른쪽으로 움직였던 가슴을 다시 제자리로 가져오세요.

가슴과 허리를 이동할 때 몸의 중심이 움직이지 않도록 골반에 힘을 주어 버티는 게 중요합니다!

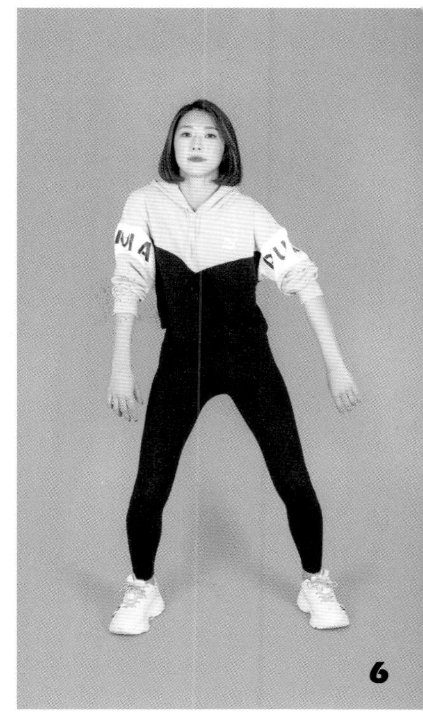

4 늑골을 밖으로 밀어내듯 가슴을 왼쪽으로 내밀어주세요. 허리 부분에 커브가 생기게끔 가슴을 따라 허리도 함께 왼쪽으로 살짝 움직이세요.

5 가슴을 뒤로 밀듯이 보내고 허리를 C자 모양이 되도록 굽혀주세요.

6 배가 접히지 않도록 유의하면서 다시 가슴을 오른쪽으로 이동하세요. 동작을 반복하며 상체 아이솔레이션을 연습하세요.

앞에서 배운 아이솔레이션을 연결 동작으로 한번 해볼까요?

Let's Dance

1

2

1 두 다리를 어깨너비만큼 벌려준 뒤 허리를 곧게 세우고 가슴을 펴주세요. 고개는 앞으로 빼지 않고 뒤로 당기어 중심을 잡아주세요.

2 목을 옆으로 밀어주는 느낌으로 오른쪽으로 보내주세요. 이때, 턱으로 밀어 움직이지 않도록 주의합니다.

3 오른쪽으로 보낸 목을 앞으로 쭉 밀듯이 빼내세요. 이때, 턱이 들리며 앞으로 나아가지 않도록 주의합니다.

4 앞으로 밀어준 목을 왼쪽 뒤로 부드럽게 밀며 보내주세요.

5

5 늑골을 밖으로 밀어내는 느낌으로 가슴만 오른쪽을 향해 내밀어주세요. 허리 부분에 커브가 생기게끔 가슴을 따라 허리도 함께 오른쪽으로 살짝 움직이세요.

6 오른쪽으로 움직였던 가슴을 다시 제자리로 가져오세요.

7 늑골을 밖으로 밀어내듯 가슴을 왼쪽으로 내밀어주세요. 허리 부분에 커브가 생기게끔 가슴을 따라 허리도 함께 왼쪽으로 살짝 움직이세요.

8 가슴을 뒤로 밀듯이 보내고 허리를 C자 모양이 되도록 굽혀주세요.

9 배가 접히지 않도록 유의하면서 다시 가슴을 오른쪽으로 이동하세요.

영상은 여기에서 확인하세요!

Lesson 4.

중수가 꼭 알아야 하는 기본 선 잡기

개인적으로 춤에서 제일 중요한 건 바로 선이라고 생각해요.

같은 동작이라도 조금 더 팔을 쭉 뻗어 일정하게 선을 잡아주면 안무가 훨씬 깔끔해 보이거든요.

중수에서 고수로 넘어가길 원하는 친구들이라면 기본 선 잡기, 반드시 배워보세요!

POINT 1. 일자로 선 잡기

1

1 두 다리를 어깨너비만큼 벌려준 뒤 허리를 곧게 세우고 가슴을 펴주세요.

2 양팔을 좌우로 길게 뻗어주세요.

3 **2**의 상태에서 어깨를 뒤로 넘겼다가 다시 어깨선이 일자가 되도록 만들어 주세요.

2

3

4 두 팔을 천천히 내린 후 다시 좌우로 길게 뻗어주세요.

5 어깨가 올라가지 않도록 유의하면서 동작을 반복하세요.

POINT 2. 대각선으로 선 잡기

1 두 다리를 어깨너비만큼 벌려준 뒤 허리를 곧게 세우고 가슴을 펴주세요.

2 오른팔을 대각선 위로 쭉 뻗어주세요.

3 왼팔을 대각선 아래로 뻗어주세요. 두 팔을 이으면 정확히 사선이 되도록 약 5초간 유지해주세요.

3

CHECK, CHECK!

춤출 때 가장 많이 움직이는 것이 우리의 발이에요. 그만큼 부상당할 확률도 높죠. 적당한 쿠션이 있어 발이 땅에 닿을 때 든든하게 지켜줄 운동화가 필요해요. 누구보다 열심히 춤출 여러분들에게 딱 알맞은 운동화를 소개할게요!

FCMM 클라우드 러너

중량 350g의 가벼운 어글리 슈즈. 입체 프레스 3D 인솔로 안정적인 착화감을 제공해 춤을 출 때 발에 무리가 가지 않아요. 게다가 고탄력 스펀지 재질의 정품'ortholite'를 인솔에 사용하여 통풍도 탁월하여 발 냄새 걱정도 끝!

FCMM 스토닉

발바닥에 미끄럼 방지 고무창이 있어 어디서나 마음껏 춤을 출 수 있어요. 부분적으로 천연 소가죽을 사용해 멋스러움도 더했죠. 심플하고 고급스러운 디자인으로 일상에서 여러 코디와 매치해도 잘 어울려요.

FCMM 고담 GV

스웨이드 소재와 가죽 소재, 그리고 메쉬 소재가 자연스럽게 어우러진 운동화예요. 쿠션감이 매우 좋아 장시간 착용해도 불편함이 없죠. 사계절 내내 착용할 수 있는 것도 장점 중의 하나!

FCMM 라이노 클래식

스웨이드 재질의 클래식한 디자인의 스니커즈. 인솔이 폴리에스터와 메쉬, 폼으로 구성되어 있어 충격 흡수에 좋아요. 바닥창은 2.5cm 굽으로 키가 커보이는 것이 포인트!

CHECK, CHECK!

춤을 출 때는 운동복을 제대로 갖춰 입는 것이 좋아요. 움직임이 많아 땀이 금방 차기 때문이죠. 어떤 안무를 춰도 거리낌 없고 몸에 착 감기는 가벼운 운동복만 모두 모아봤어요.

FCMM 페어 롱슬리브 티셔츠

정면에 로고 날염 디테일이 돋보이는 티셔츠예요. 고급 면 소재를 사용해 흡수성이 매우 뛰어난 것이 특징. 사이즈가 넉넉한 편이라서 착용감이 매우 좋고 복잡한 동작의 춤을 출 때도 매우 편안해요.

FCMM 풋볼 네온 체인 빅로고 후디

귀여운 디자인의 후드 티셔츠. 고급 합성 원단을 사용해 피부에 닿는 부분이 매우 부드러워요. 정면에 포켓이 있어 소지품을 담기에도 좋고, 쭈리 안감으로 보온성까지 더했어요.

FCMM 풋볼 네온 체인 빅로고 조거팬츠

허리 부분이 고탄력 밴딩 처리가 되어 편안함을 선사하는 조거팬츠입니다. 면이 70% 함유되어 있어서 땀 흡수력도 뛰어나요. 여기에 쭈리 안감까지 더하여 따뜻함도 느낄 수 있죠.

FCMM 스케이트 어블릭 로고 조거팬츠

정면 로고 자수 디테일이 귀여운 제품이에요. 기모 안감 처리가 되어 보온성이 매우 뛰어나 겨울에 입기 안성맞춤이죠. 고탄력 밴딩 처리는 기본, 정면에 양쪽 포켓이 있어 활동력과 착용감이 매우 뛰어나요.

Bonus Lesson 3.

댄서소나, 어디서 만나지?

자타공인 틱톡 여신 댄서소나를 조금 더 알고 싶나요? 그렇다면 지금 당장 핸드폰을 켜세요!

댄서소나의 모든 것을 알 수 있는 플랫폼을 공개합니다.

틱톡

댄서소나를 알기 위한 첫걸음, 바로 틱톡이죠! 틱톡에 접속한 뒤 '댄서소나(dancersona)'를 검색해보세요. 댄서소나가 그동안 올린 수많은 콘텐트를 모두 만나볼 수 있답니다. 요즘 유행하는 틱톡 춤은 물론, 댄서소나의 트레이드 마크라고 할 수 있는 하프앤하프 영상까지 그 종류가 무척 다양해요! 틱톡 영상을 통해 댄서소나의 매력에 퐁당 빠져보자고요.

ID : dancersona

인스타그램

인스타그램에서는 댄서소나의 일상을 엿볼 수 있어요. 친구 그리고 가족들과 함께한 매일 매일에 대한 사진과 더불어 틱톡에 올린 영상 비하인드 스토리까지 전부 만나볼 수 있죠. 게다가 댄서소나의 귀여운 반려묘 퀸이와 꾸르까지 만나볼 수 있으니 지금 바로 팔로우하세요!

www.instagrma.com/_sona_world

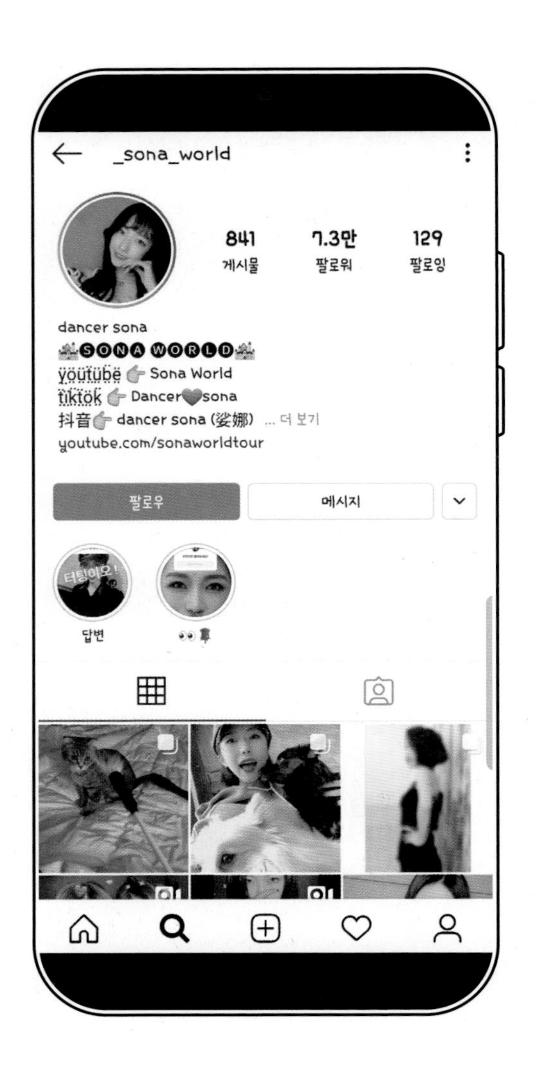

유튜브

틱톡에 이어 유튜브까지 진출한 댄서소나! 틱톡에서는 미처 보여주지 못했던 색다른 모습들을 마구마구 선보일 예정이에요. 특히, 틱톡커 샤나 그리고 댄서민주와 함께 결성한 블랑쉬 활동 모습을 자주 올릴 거라고 하니까 구독과 '좋아요'를 누르는 걸 잊지 마세요!

http://youtube.com/sonaworldtour

Bonus Lesson 4.
Let's Dance! 댄서소나 레전드 틱톡 댄스 영상 모음 2

1. #꼭두각시 #날찌르지마

으쓱으쓱!

토깽이 등!장!

히히! 짜잔!

2. #오빠오빠오빠빠

시작해 볼까?

오빠오빠오빠빠!

왼쪽 댕겨!

3. #메이크썸틱톡 #Yoonilee

오늘은 유니 언니와 함께!

136.5K
1350
2713
@댄서소나
#메이크썸틱톡 @Yooni lee 오늘이
지스타 마지막 날 지스타에서 뵌
모든 분들 너무 반가워용!!!!!
Some TikTok - TikTok
댓글 추가

136.5K
1350
2713
@댄서소나
#메이크썸틱톡 @Yooni lee 오늘이
지스타 마지막 날 지스타에서 뵌
모든 분들 너무 반가워용!!!!!
Some TikTok - TikTok
댓글 추가

136.5K
1350
2713
@댄서소나
#메이크썸틱톡 @Yooni lee 오늘이
지스타 마지막 날 지스타에서 뵌
모든 분들 너무 반가워용!!!!!
Tok Make Some TikTok -
댓글 추가

에블바디
메이크썸틱톡!
136.5K
1350
2713
@댄서소나
#메이크썸틱톡 @Yooni lee 오늘이
지스타 마지막 날 지스타에서 뵌
모든 분들 너무 반가워용!!!!!
kTok - TikTok Make Some
댓글 추가

4. #예뻐댄스챌린지

내가, 내가 제일 예뻐!

메롱메롱~!

하트 뿅뿅~

세상에서 제일 예뻐!

62.4K
567
1866
@댄서소나
#예뻐댄스챌린지 소나의 음원 공개 완전 예뻐!! 여러분의 예쁜 아이디어로 많이 많이 써주세요
원본 예뻐 - dacner sona
댓글 추가

62.4K
567
1866
@댄서소나
#예뻐댄스챌린지 소나의 음원 공개 완전 예뻐!! 여러분의 예쁜 아이디어로 많이 많이 써주세요
원본 l뻐 - dacner sona 완
댓글 추가

62.4K
567
1866
@댄서소나
#예뻐댄스챌린지 소나의 음원 공개 완전 예뻐!! 여러분의 예쁜 아이디어로 많이 많이 써주세요
원본 sona 완전 예뻐 - dac
댓글 추가

62.4K
567
1866
@댄서소나
#예뻐댄스챌린지 소나의 음원 공개 완전 예뻐!! 여러분의 예쁜 아이디어로 많이 많이 써주세요
원본 ner sona 완전 예뻐 -
댓글 추가

62.4K
567
1866
@댄서소나
#예뻐댄스챌린지 소나의 음원 공개 완전 예뻐!! 여러분의 예쁜 아이디어로 많이 많이 써주세요
원본 넌 예뻐 - dacner sona
댓글 추가

62.4K
567
1866
@댄서소나
#예뻐댄스챌린지 소나의 음원 공개 완전 예뻐!! 여러분의 예쁜 아이디어로 많이 많이 써주세요
원본 완전 예뻐 - dacner sona
댓글 추가

5. #2등신파티

뒷모습 멋있어!
후후, 기대하시라!

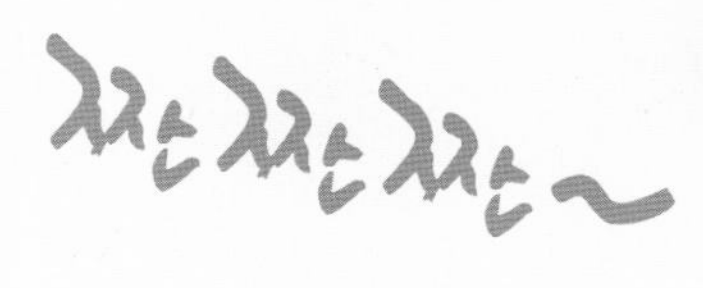

귀여워~

44.3K
384
455
2등신스티커
@댄서소나
#2등신파티 ㅋㅋㅋㅋ아 뭐야 이겜ㅋㅋㅋㅋㅋㅋㅋㅋㅋㅋㅋㅋㅋㅋㅋㅋㅋㅋㅋㅋㅋㅋㅋㅋㅋㅋㅋㅋㅋㅋㅋㅋ 이 스티커 너무 웃긴것같아욬ㅋㅋㅋ훜ㅋㅋ
소나 오리지널 사운드 - 댄서
댓글 추가

44.3K
384
455
2등신스티커
@댄서소나
#2등신파티 ㅋㅋㅋㅋ아 뭐야 이겜ㅋㅋㅋㅋㅋㅋㅋㅋㅋㅋㅋㅋㅋㅋㅋㅋㅋㅋㅋㅋㅋㅋㅋㅋㅋㅋㅋㅋㅋㅋㅋㅋ 이 스티커 너무 웃긴것같아욬ㅋㅋㅋ훜ㅋㅋ
댄서소나 오리지널 사운드 -
댓글 추가

2등신 소나 등장!

댄서소나의 틱톡
한 권으로 끝내기

• • •

CLASS 3

고급반

저와 함께 숨 가쁘게 여기까지 달려온 여러분들, 정말 잘하셨어요! 초보와 중수를 넘어 고수의 경지에 다다른 이상, 그 실력을 틱톡에 뽐내지 않을 수 없겠죠? 열심히 배운 안무를 틱톡에 쉽고 재미있게 올릴 수 있도록 댄서소나가 도와줄게요!

Lesson 1.

댄스 영상, 틱톡에 한 번 올려볼까?

TikTok

틱톡은 짧게는 15초, 길게는 1분 정도의 모바일 동영상을 올릴 수 있는 글로벌 쇼트 비디오 애플리케이션이에요. 2016년 150개 국가 및 지역에서 총 75개의 언어로 서비스를 시작한 뒤 점점 그 영역을 넓혀갔어요. 그리고 마침내 2017년 11월, 우리나라에 정식으로 소개되며 첫선을 보였어요. 저 또한 이 무렵 틱톡에 첫발을 내디뎠죠.

틱톡의 등장은 많은 이들에게 신선한 충격을 주었어요. 스마트폰 하나면 누구나 크리에이터가 될 수 있도록 돕는 애플리케이션이라니! 듣기만 해도 매력적인데, 직접 실행해보면 더욱더 그 매력이 철철 넘치니 틱톡에 푹 빠지지 않을 수 없었죠.

그 결과, 2018년 초에는 세계에서 가장 많이 다운로드 된 앱으로 선정되었답니다. 그뿐만이 아니에요. 구글 플레이가 진행하는 '2018 올해를 빛낸 앱'에서 '올해를 빛낸 엔터테인먼트 앱'과 '올해를 빛낸 인기 앱'으로 뽑혀 대세 중의 대세임을 증명했어요.

숏.확.행

짧아서 확실한 행복

무궁무진한 틱톡의 매력

현재 LA, 뉴욕, 런던, 파리, 베를린, 두바이, 뭄바이, 싱가포르, 자카르타, 서울, 그리고 도쿄에 글로벌 오피스를 두고 있는 틱톡은 여전히 누구든 크리에이터가 될 수 있도록 독려합니다. 모바일을 통해 자신만의 창의성과 지식 및 중요한 순간들을 포착하고 드러낼 수 있도록 하며 그로 인해 사용자들이 창의적인 표현과 열정을 공유할 수 있도록 장려하죠.

이를 위해서 틱톡은 영상을 찍고, 편집하고, 업로드 하는 과정을 매우 간략하게 구성했어요. 카메라나 편집 프로그램을 별도로 구매할 필요 없이 핸드폰 하나만 있으면 OK! 시간과 장소에 구애받지 않고 언제, 어디서든 나만의 영상을 만들어 올릴 수 있어 좋아요. 그리고 촬영 기능도 무척 간결하고, 음악을 삽입하거나 나만의 사운드를 쉽게 만들 수 있어 초보자들도 부담 없이 틱톡을 사용할 수 있어요.

무엇보다 틱톡의 가장 큰 장점은 바로 편집 기능이에요. 동영상을 독창적으로 꾸밀 수 있는 템플릿과 필터 효과가 기본으로 포함되어 있고, 매번 새로운 기능들이 추가되어 지루할 틈이 없죠.

그래서일까요? 젊은 층은 물론, 중장년층에게도 틱톡의 매력이 소개되면서 어른들도 틱톡의 재미에 푹 빠지고 말았어요. 최근에는 스눕 독(Snoop Dogg), 케샤(Ke$ha), BTS, 현아 등 국내외 스타들이 틱톡을 통해 재미있는 영상을 올려 팬들과 소통하기도 해요.

알면 알수록 헤어나올 수 없는 틱톡의 매력! 하지만 막상 시작하려니 어떻게 해야 할지 모르겠다고요? 걱정하지 마세요! 여러분이 댄스 영상을 쉽게 올릴 수 있도록 제가 틱톡에 대한 모든 것을 알려드릴게요.

틱톡은 쇼트 모바일 비디오의 궁극적인 목적지가 되는 것을 지향합니다.

틱톡의 미션은 모바일을 통해 세계인의 창의성, 지식 및 중요한 순간들을 포착하고 드러내는 것입니다. 틱톡은 모두가 크리에이터가 될 수 있도록 하며, 사용자들이 영상을 통해 그들의 열정과 창의적인 표현들을 공유할 수 있도록 장려합니다.

틱톡은 LA, 뉴욕, 런던, 파리, 베를린, 두바이, 뭄바이, 싱가포르, 자카르타, 서울, 그리고 도쿄에 글로벌 오피스를 두고 있습니다.

Lesson 2.
춤의 완성도를 높여주는
틱톡의 모든 것

1. 틱톡 가입하기

틱톡을 시작하려면 가입 먼저 해야겠죠? 구글 또는 애플 앱 스토어에서 '틱톡' 또는 'TikTok'을 검색해보세요. 맨 위에 애플리케이션이 나타나면 설치 버튼을 클릭! 핸드폰 바탕화면에 틱톡 로고가 나타나면 이제 가입하러 가봅시다!

Let's Start! 전화 또는 이메일로 가입하기

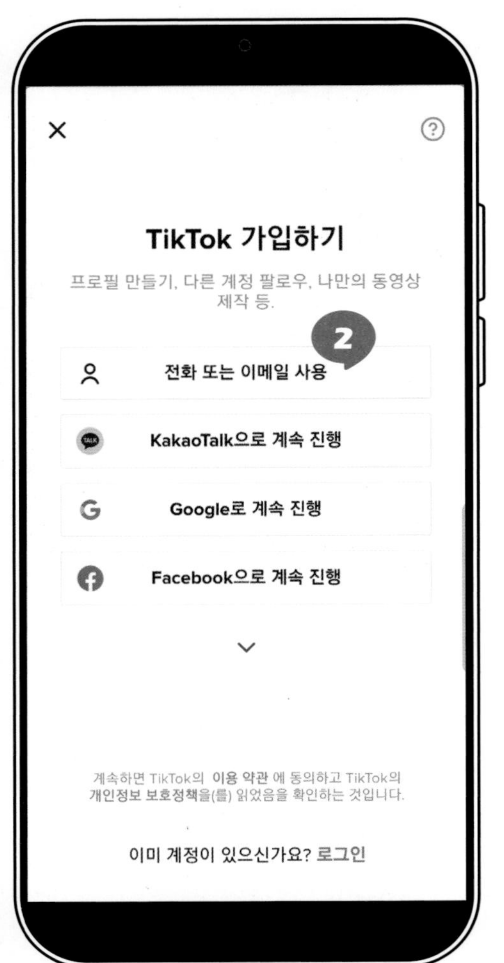

1 틱톡 애플리케이션에 접속한 후 하단 오른쪽에 있는 아이콘을 클릭하세요.

2 'TikTok 가입하기'라는 안내 문구 밑에 '전화 또는 이메일 사용'이라고 적힌 버튼을 선택해주세요.

3 자신이 태어난 생년월일을 선택해 눌러주세요.

4 전화번호를 입력하고 화살표를 클릭해 다음 단계로 넘어가요.

5 문자로 4개의 숫자 코드가 도착하면 빈칸에 차례대로 입력한 뒤 확인 버튼을 누르세요.

6 마지막으로 비밀번호를 설정하면 틱톡 가입하기 끝!

Let's Start! SNS 아이디를 이용하여 가입하기

1 틱톡 애플리케이션에 접속한 후 하단 오른쪽에 있는 아이콘을 클릭하세요.

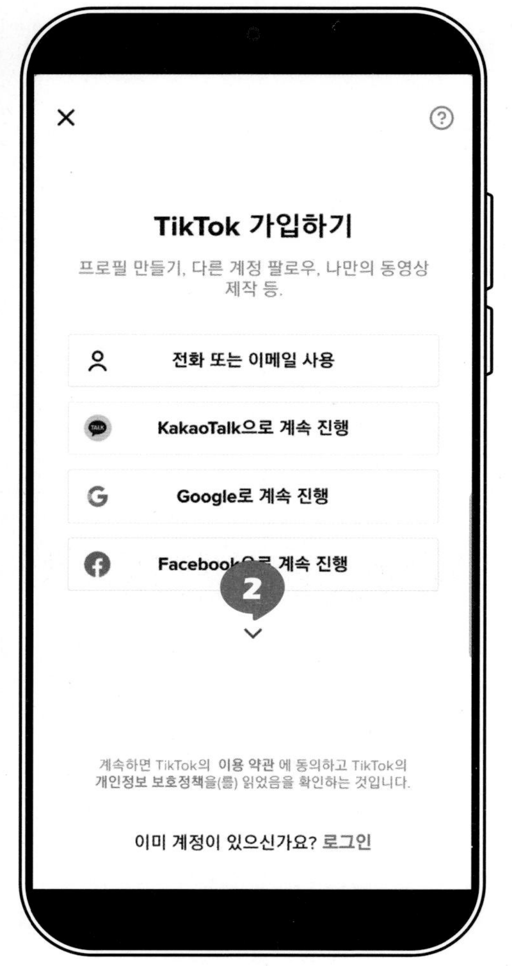

2 'TikTok 가입하기'라는 안내 문구 밑에 화살표 버튼을 선택해주세요.

3 페이스북, 인스타그램, 트위터 아이콘 중 하나를 골라주세요.

4 SNS에서 사용하는 아이디 또는 이메일과 비밀번호를 입력하고 로그인하세요.

2. 틱톡 살펴보기

조금 더 똑똑하게 틱톡을 사용하고 싶다면 틱톡에 대해 자세히 알아야 하겠죠? 틱톡의 기본적인 기능을 댄서소나와 함께 차근차근 살펴봅시다!

1 내가 팔로우한 사람이 가장 최근에 올린 영상을 볼 수 있어요.

2 사용자가 관심을 가질 만한 동영상을 무작위로 선정하여 보여줍니다.

3 다른 페이지를 보다가 언제든지 틱톡 메인 화면으로 돌아갈 수 있는 버튼이에요.

4 궁금하거나 찾고 싶은 게 있다면 돋보기 모양 아이콘을 눌러보세요! 틱톡 사용자는 물론, 인기 해시태그, 지금 가장 핫한 챌린지 등을 찾아볼 수 있어요.

5 새로운 영상을 촬영해 틱톡에 올릴 수 있는 촬영 버튼이에요.

6 틱톡에서 일어난 일을 알려주는 알림창입니다. 내가 올린 영상에 댓글이 달리거나 누군가가 '좋아요' 버튼을 눌렀을 때, 나를 팔로우하거나 내 아이디와 닉네임을 언급하면 알람이 와요. 또는, 틱톡의 공지사항도 알림창에 떠요.

7 사용자 계정에 대해 모든 정보가 담겨 있는 마이 페이지예요. 틱톡 아이디와 닉네임, 팔로잉과 팔로워 수, 동영상 목록 등이 나와요.

8 현재 나오고 있는 영상을 올린 틱톡커의 페이지로 이동하는 버튼이에요.

9 영상이 재미있고, 마음에 들면 하트 버튼을 꾹 눌러주세요. 화면을 더블 클릭해도 좋아요. 커다란 하트가 "뿅!"하고 나타날 거예요.

10 현재 영상에 대한 내 생각과 의견을 남길 수 있어요.

11 재미있는 영상을 친구들과 마음껏 공유할 수 있어요. 동영상을 저장하거나 GIF 파일로 공유할 때, 듀엣 영상과 리액트 영상에 도전할 때도 화살표를 누릅니다.

12 영상에 삽입된 음악이 궁금하면 사운드 아이콘을 누르세요! 음악에 대한 상세한 정보는 물론, 해당 음악을 사용한 다른 틱톡 영상까지 모두 만나볼 수 있어요.

3. 마이 페이지 알아보기

틱톡 계정도 만들었고, 기본적인 아이콘들도 숙지했으니 이제 끝이라고요? NO, NO, NO! 아직 마이 페이지가 남아 있다고요! 예쁜 사진으로 나만의 페이지를 꾸미고 재미있게 자기소개도 작성해 봅시다!

나만의 이미지를 넣어 틱톡 계정을 예쁘게 꾸밀 수 있는 공간이에요. 마이 페이지 윗부분을 가볍게 클릭하고 핸드폰에 저장된 이미지를 삽입하면 끝! 참 쉽죠?

자신의 프로필 사진을 설정하는 곳이랍니다. 동그라미를 클릭하면 원하는 사진으로 변경할 수 있어요.

내 아이디와 연결된 틱톡 QR Code(큐알코드)예요. 큐알코드 이미지를 저장한 뒤 친구들에게 보내거나 다른 SNS 채널에 공개할 수 있어요. 친구가 틱톡 큐알코드를 간단히 스캔하면 별도의 검색 과정 없이 틱톡 속 나의 계정을 찾아올 수 있어요.

다른 사람들이 내가 올린 영상을 보고 하트를 누르면 숫자가 올라가요.

내가 '좋아요'를 누른 다른 사람의 영상이 나와요. 나의 틱톡 페이지를 찾아온 친구들에게도 내가 어떤 영상을 좋아하는지 알릴 수 있어요.

내가 만든 사운드를 올려두면 다른 틱톡커들이 사용할 수 있어요.

닉네임과 틱톡 아이디, 프로필 사진, 자기소개를 변경 할 수 있어요. 자신이 사용하고 있는 다른 SNS와 틱톡 계정을 연동할 수도 있습니다.

틱톡에서 친구를 찾고 싶다면 이 아이콘을 눌러보세요. 틱톡 닉네임 또는 ID로 간단하게 친구를 찾을 수 있어요. 연락처에 있는 친구를 틱톡으로 초대하거나 페이스북으로 친구를 찾는 기능도 있으니 참고하세요!

내가 팔로우한 사람들의 수가 표시됩니다.

틱톡 계정 관리를 비롯해 개인 정보 보호, 언어 등을 설정할 수 있는 곳이에요. 틱톡 프로필을 다른 SNS와 메일, 문자 등으로 공유할 수도 있어요. 또한, 내가 즐겨찾기 해둔 동영상과 해시태그, 사운드, 스티커 등을 확인할 수도 있죠. 틱톡 로그아웃을 하고 싶다면 '개인 정보 및 설정'에 들어가 맨 밑에 있는 '로그아웃'을 누르세요.

나를 팔로우한 사람들의 수예요.

내 계정으로 틱톡에 올린 동영상을 순서대로 보여주는 목록이에요.

4. 촬영 기능 공부하기

힘들게 배운 안무를 멋지게 찍기 위해서는 틱톡 촬영 기능을 정확히 알아야 해요. 버튼이 너무 많다고 당황하지 마세요. 저만 믿고 따라오면, 틱톡 촬영 기능을 쉽게 터득할 수 있을 테니까요!

1 음악을 설정하고 싶다면 상단 가운데에 있는 '사운드'를 눌러보세요. 검색을 통해 자신이 원하는 음악을 고를 수도 있고, 다양한 장르로 세세하게 나누어진 음악과 최근 인기 있는 음악까지 모두 만나볼 수 있어요.

2 핸드폰의 전면 카메라와 후면 카메라 중 어느 것을 사용할지 선택할 수 있어요.

3 촬영 속도를 설정해요. 0.3배속부터 0.5배속, 1배속, 2배속 그리고 3배속까지 총 다섯 가지 속도 중 하나를 고르면 돼요.

4 말 그대로 카메라 필터를 선택할 수 있는 버튼이에요. 사물이나 풍경, 그리고 인물에 따른 다양한 필터를 내 마음대로 고를 수 있어요.

5 촬영 전 보정 효과를 줄 수 있어요. 인물의 피부 표현과 얼굴형, 눈 크기를 조절할 수 있어요.

6 원하는 지점에서 촬영이 종료될 수 있도록 설정하는 기능이에요. 핸드폰을 삼각대에 연결해두고 촬영할 때 매우 유용합니다.

7 영상에 재미를 더 해줄 특수 효과 목록이에요. Hot, New, Tlog, Forpet, Winter, Funny, Creativity, Cute, Makeup, Hair, Fashion, Friends, Game, AR, Christmas 총 15가지로 분류된 효과 중 마음에 드는 것을 골라 촬영해보세요!

8 핸드폰 갤러리에 있던 동영상 목록이 떠요. 마음에 드는 영상을 선택한 뒤 편집해 틱톡에 게시할 수 있어요.

9 촬영 결과물이 마음에 들지 않거나 다음에 촬영하기를 원한다면 'X'를 누르세요. 지금껏 촬영한 것이 모두 취소됩니다.

10 빨간색 버튼을 누르면 녹화가 시작돼요.

11 60초, 15초, 그리고 MV 세 가지 중 하나를 선택할 수 있어요. 60초는 말 그대로 60초 길이의 영상을 찍을 수 있고, 15초도 마찬가지예요. MV를 선택하면 여러 장의 사진을 업로드해 나만의 감성 넘치는 뮤직비디오를 만들 수 있어요.

Let's Start! 틱톡 촬영하기

1 틱톡 메인 화면에 있는 플러스 버튼을 클릭하세요.

2 하단에 있는 60초, 15초, MV 세 개의 선택지 중에서 60초 또는 15초를 선택합니다.

3 '사운드' 버튼을 누른 뒤 원하는 음악을 검색해 고르세요.

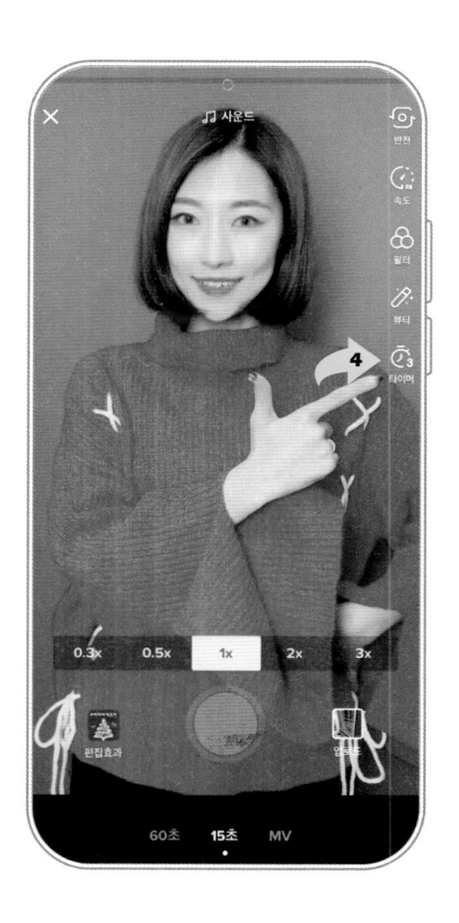

4 원하는 촬영 속도를 설정합니다. 촬영이 스스로 멈추길 원한다면 타이머도 선택해요.

5 '필터'와 '뷰티' 버튼을 눌러 마음에 드는 효과를 적용하세요.

6 마지막으로 '편집효과'로 들어가 마음에 드는 효과를 적용하세요.

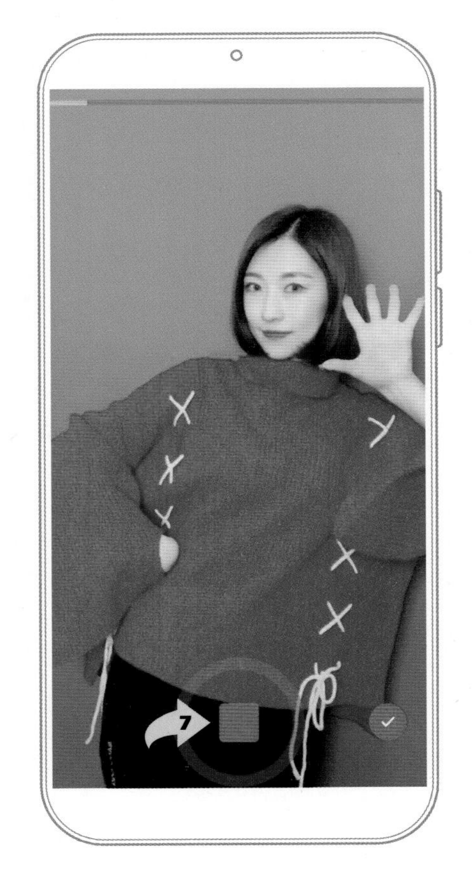

7 붉은색 버튼을 클릭해 녹화를 시작하세요. 화면 상단에 있는 노란색 바가 천천히 움직이면 녹화 성공!

8 다른 장면을 찍고 싶다면 촬영 버튼을 다시 클릭하세요. 노란색 바가 멈추고, 하얀색 선으로 촬영이 끝난 지점을 표시해줘요.

9 다시 촬영 버튼을 누르고 녹화를 마무리합니다. 체크 버튼을 클릭하면 바로 편집으로 넘어가요.

Let's Start! 멀티 에디팅 배워보기 - 오토비트

1 촬영 모드에서 화면 하단 오른쪽에 있는 '업로드'를 클릭하세요.

2 동영상 목록에서 왼쪽 하단에 있는 '복수' 버튼을 클릭해주세요.

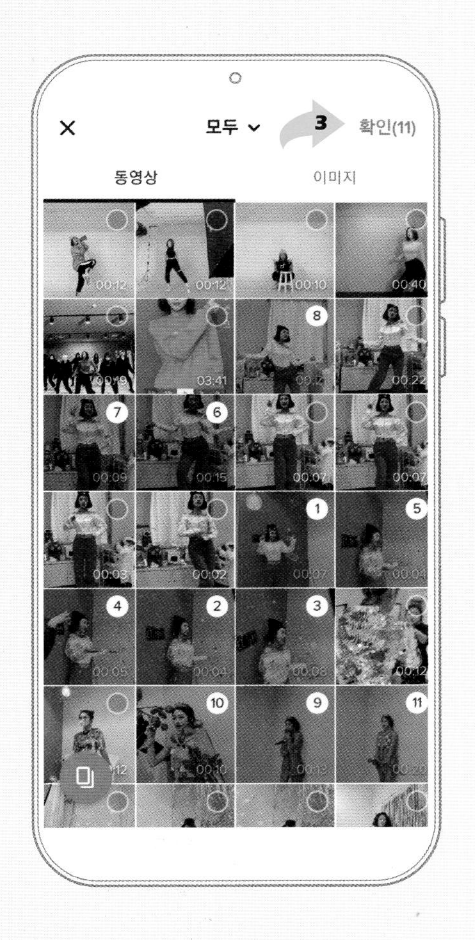

3 원하는 비디오를 선택한 후 오른쪽 상단에 있는 '확인' 버튼을 클릭하세요. 이때 최대 35개의 동영상을 선택할 수 있어요.

4 오토비트와 기본 편집 두 가지 선택지 중 오토비트를 선택해주세요.

5 아래의 추천 사운드 중 마음에 드는 사운드를 선택한 뒤 다음을 눌러주세요.

6 편집 페이지에서 다양한 효과와 텍스트를 삽입하세요.

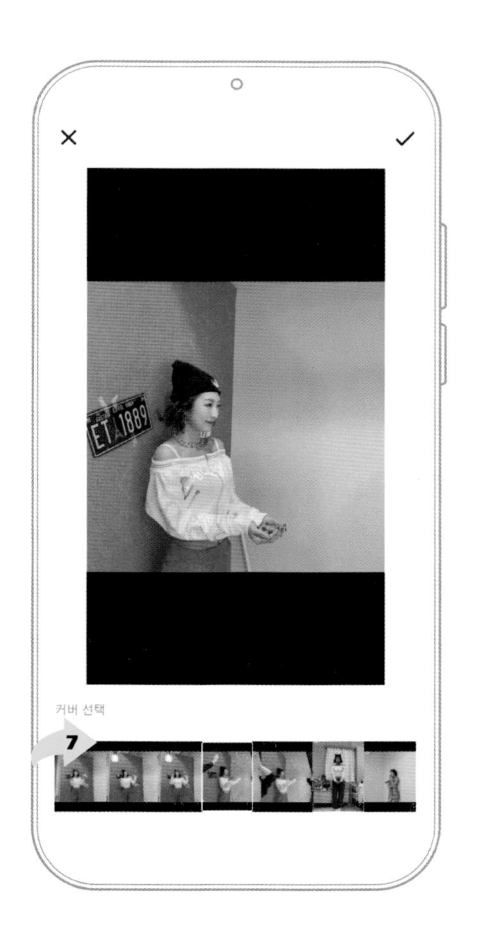

7 마음에 드는 커버 영상을 고르세요.

8 동영상에 대한 간략한 설명을 한 뒤 '게시'를 누르면 끝!

Let' s Start! 멀티 에디팅 배워보기 - 기본 편집

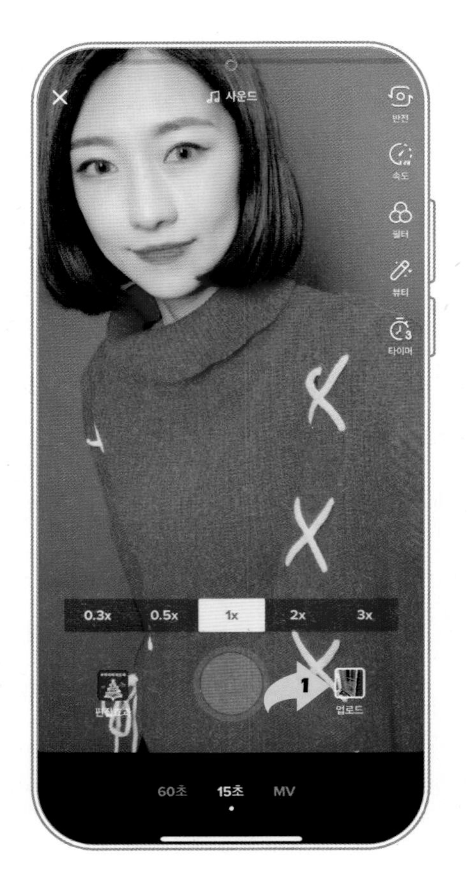

1 촬영 모드에서 화면 하단 오른쪽에 있는 '업로드'를 클릭하세요.

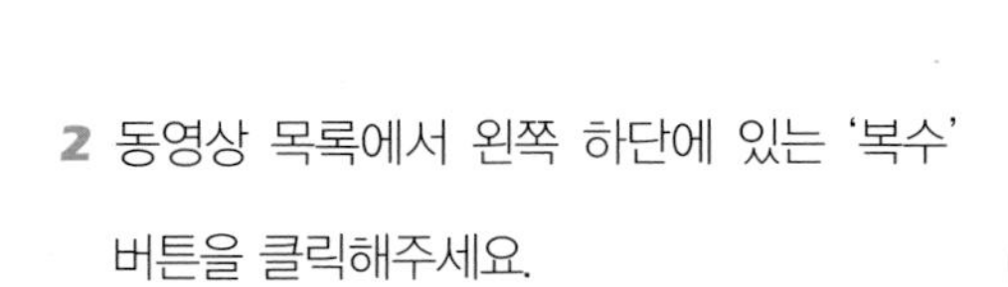

2 동영상 목록에서 왼쪽 하단에 있는 '복수' 버튼을 클릭해주세요.

3 원하는 비디오를 선택한 후 오른쪽 상단에 있는 '확인' 버튼을 클릭하세요. 이때 최대 35개의 동영상을 선택할 수 있어요.

4 오토비트와 기본 편집 두 가지 선택지 중 기본 편집을 선택해주세요.

5 빨간색 바를 앞뒤로 움직이면서 동영상의 길이를 조절한 뒤 '다음'을 눌러주세요.

6 편집 페이지에서 다양한 효과와 사운드, 텍스트를 삽입하세요.

7 마음에 드는 커버 영상을 고르세요.

8 동영상에 대한 간략한 설명을 한 뒤 '게시'를 누르면 끝!

Let's Start! 슬라이드쇼 도전하기

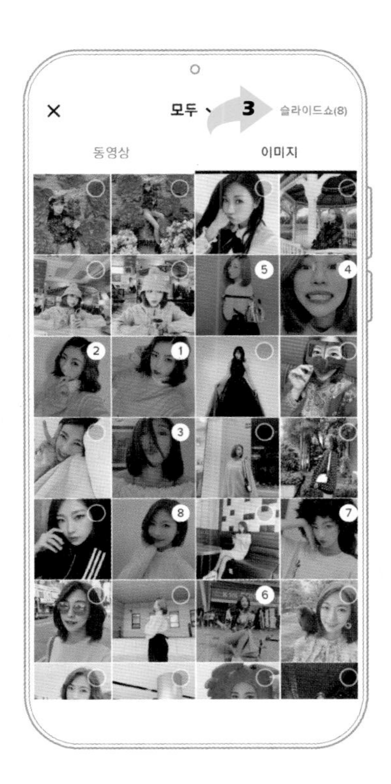

1 촬영 모드에서 화면 하단 오른쪽에 있는 '업로드'를 클릭하세요.

2 상단 바에서 동영상 카테고리 바로 옆에 있는 이미지를 선택하세요.

3 마음에 드는 사진을 고른 뒤 화면 상단 오른쪽에 있는 '슬라이드 쇼'를 누르세요. 이때, 사진은 최대 35장까지 선택할 수 있어요.

4 사진과 어울리는 음악을 고르세요.

5 마음에 드는 필터를 적용하세요.

6 사진을 가로로 할지, 세로로 할지 선택해주세요.

7 마음에 드는 표지 커버 사진을 고르세요.

8 동영상에 대한 간략한 설명을 한 뒤 '게시'를 누르면 슬라이드 쇼 만들기 성공! 동영상과 사진을 둘 다 선택할 수도 있어요.

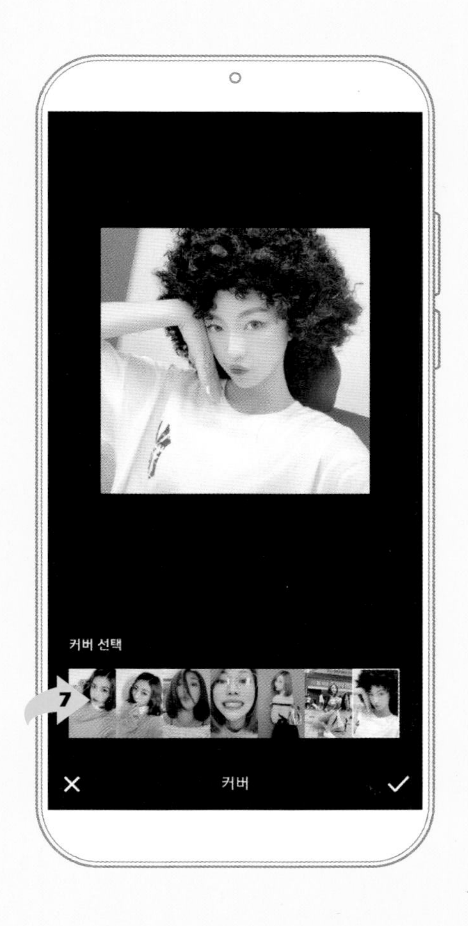

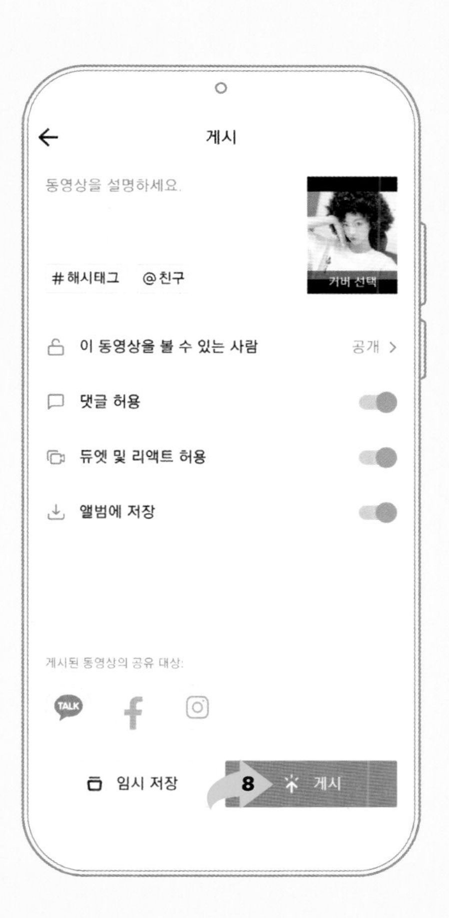

5. 편집 기능 습득하기

춤 영상은 다른 영상들보다 편집에 더욱더 신경을 써야 해요. 편집에 따라 안무의 퀄리티가 달라질 수 있거든요. 여러분의 춤을 조금 더 완벽하게 만들어줄 편집 기능에 대해 알아봅시다!

1 촬영 전뿐만 아니라 촬영 후 편집 단계에서도 음악을 설정할 수 있다는 놀라운 사실! 화면 하단 왼쪽에 있는 '사운드'를 클릭하면 OK!

2 녹음 및 원본 오디오에 음성 효과를 적용할 수 있어요. 다람쥐, 중저음, 바이브, 일렉트로닉, 에코, 마이크, 헬륨가스, 괴물 중 선택하세요.

3 촬영 단계에서 적용할 수 있었던 필터를 편집 단계에서도 사용할 수 있어요. 하지만 인물 보정 효과를 주는 뷰티 기능은 편집 단계에서 찾아볼 수 없으니 촬영 전에 미리 설정하세요.

4 VISUAL, STICKER, TRANS, SPLIT, 시간 총 5가지 카테고리로 분류된 편집 효과. 원하는 효과를 고른 뒤 버튼을 길게 누르면 바로 적용돼요. 여러 가지 효과들을 교차하면서 넣을 수 있고, 마음에 들지 않으면 바로 취소할 수도 있답니다.

5 필터 아래에 있는 화살표를 누르면 볼륨 버튼이 나와요. 오리지널 사운드와 사운드트랙의 소리 크기를 조절할 수 있어요.

6 영상에 원하는 글을 짧게 넣을 수 있어요. 서체와 글씨 색도 고를 수 있습니다.

7 다양한 숫자와 글씨, 그림, 캐릭터 등으로 이루어진 스티커가 있답니다. 핸드폰에서 기본적으로 사용하는 이모티콘도 만나볼 수 있어요.

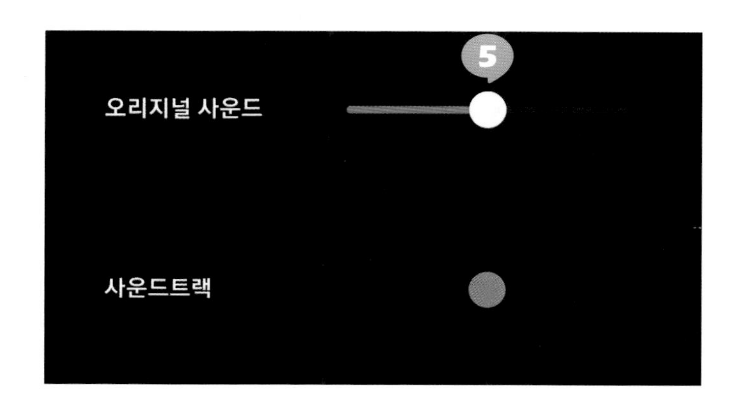

Let's Start! 동영상 게시하기

1 맨 위 칸에 완성한 동영상에 대한 짧은 설명을 적어주세요.

2 영상과 어울리는 해시태그를 설정하세요.

3 내 친구의 이름을 같이 언급하고 싶다면 '@ 친구'를 클릭한 뒤 친구의 틱톡 아이디 또는 닉네임을 검색하세요. 이미 서로 팔로우한 상태라면 친구 목록에서 선택하면 됩니다.

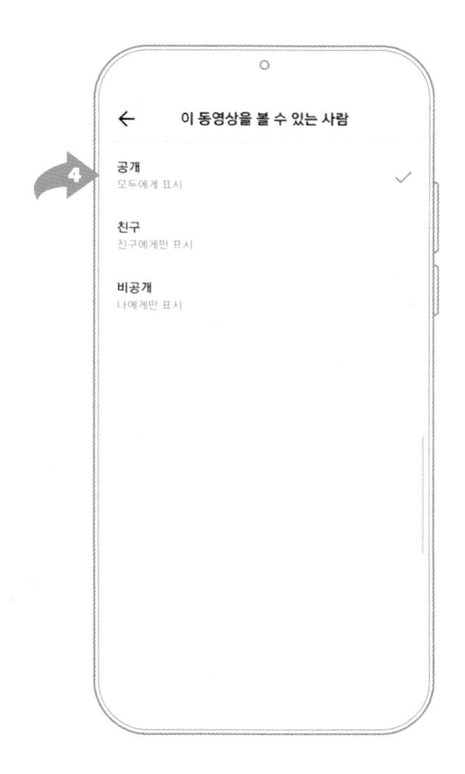

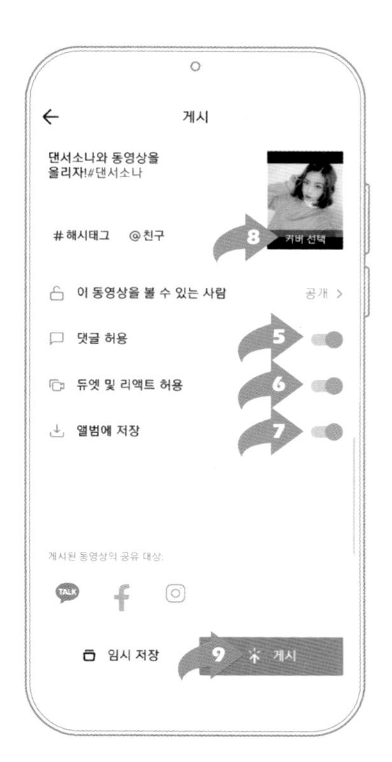

4 업로드한 동영상의 공개 범위를 설정하세요. 공개 범위는 친구에게만 공개, 모두에게 공개, 나만 볼 수 있도록 비공개 총 3가지가 있어요.

5 영상에 대한 댓글을 받고 싶다면 버튼을 오른쪽으로 옮겨 ON 상태로 만들어요. 댓글을 받고 싶지 않다면 댓글 끄기를 OFF 상태로 두면 돼요.

6 다른 사람들이 내 영상을 활용해 다른 영상을 만드는 걸 원하지 않는다면 '듀엣 및 리액트 허용'을 OFF 상태로 만들어요.

7 해당 영상을 핸드폰 앨범에 저장하고 싶다면 ON 상태로 만들어요.

8 마음에 드는 표지 커버 사진을 고르세요.

9 게시된 동영상의 공유 대상을 카카오톡, 페이스북, 인스타그램 중에서 하나를 설정한 뒤 게시 버튼을 누르면 동영상이 업로드 돼요.

Lesson 3.
댄서소나가 좋아하는
틱톡 편집 효과 베스트 5
틱톡의 수많은 편집 효과 중 어떤 것을 써야 할지 몰라 고민이라고요?
그렇다면 일단 댄서소나가 강력 추천하는 편집 효과 먼저 사용해보세요!
댄스 영상을 더욱더 멋지게 만들어줄 틱톡 편집 효과 베스트 5를 지금 공개합니다!

1. Sway

총 다섯 개의 카테고리 중 Visual에 포함된 'Sway'라는 효과예요. 마치 지진이 난 듯 좌우로 빠르게 진동을 주는 것이 특징이죠. 춤 영상에 적용하면 움직임을 더욱 강렬하게 표현할 수 있어 좋아요.

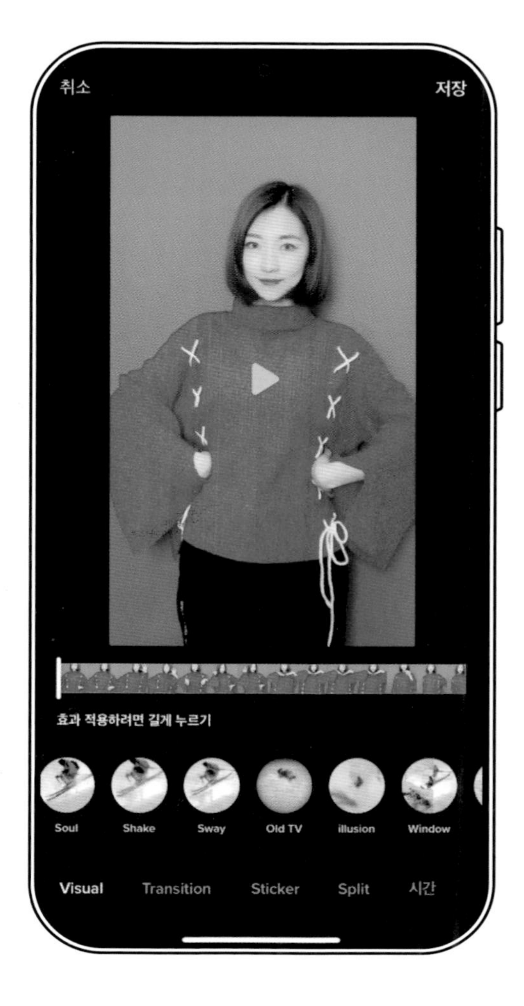

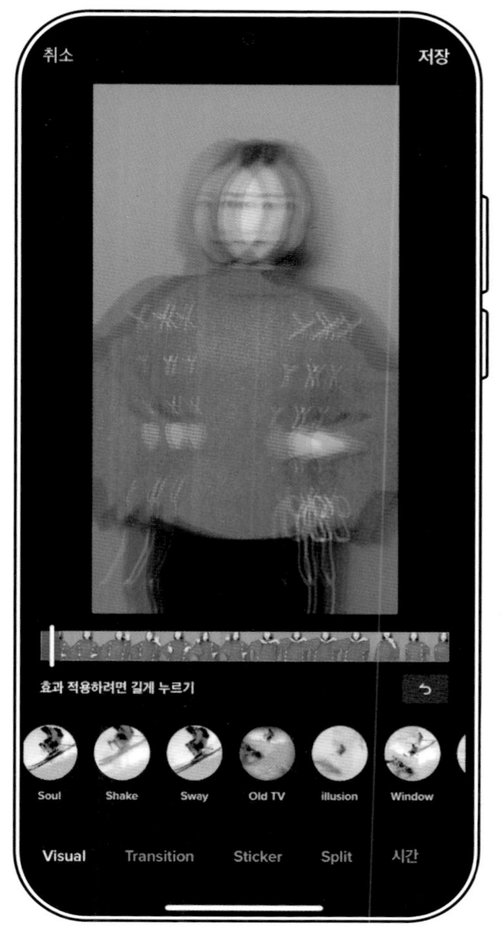

2. Flash

이름 그대로 카메라 플래시를 켠 것처럼 빛이 번쩍! 하는 효과를 얻을 수 있어요. Sway처럼 Visual 카테고리에서 찾을 수 있죠. 안무 중에 강조하고 싶은 부분에 이 효과를 적용하면 정말 멋져요! 단, 너무 많이 사용하면 눈이 아프고 오히려 영상의 퀄리티를 떨어트릴 수 있으니 주의하세요.

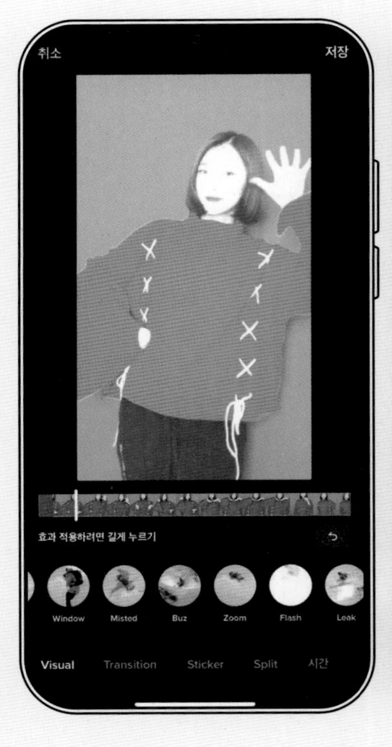

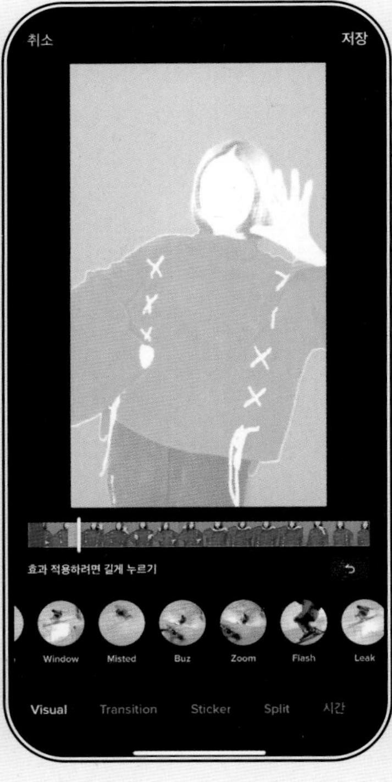

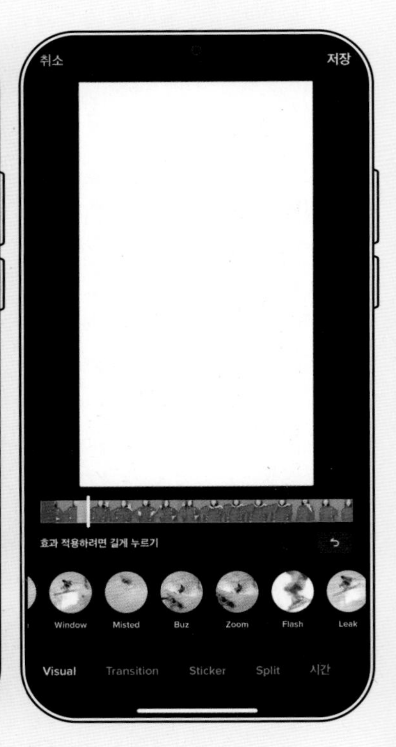

3. Countdown

Transition 카테고리에 있는 효과예요. 3부터 1까지 숫자가 나온 뒤 'START'라는 영문이 나와요. 춤을 추기 전 앞부분에 적용하면 좋습니다. 때로는 퀴즈나 게임 영상을 찍을 때도 사용하면 멋진 영상을 만들 수 있어요.

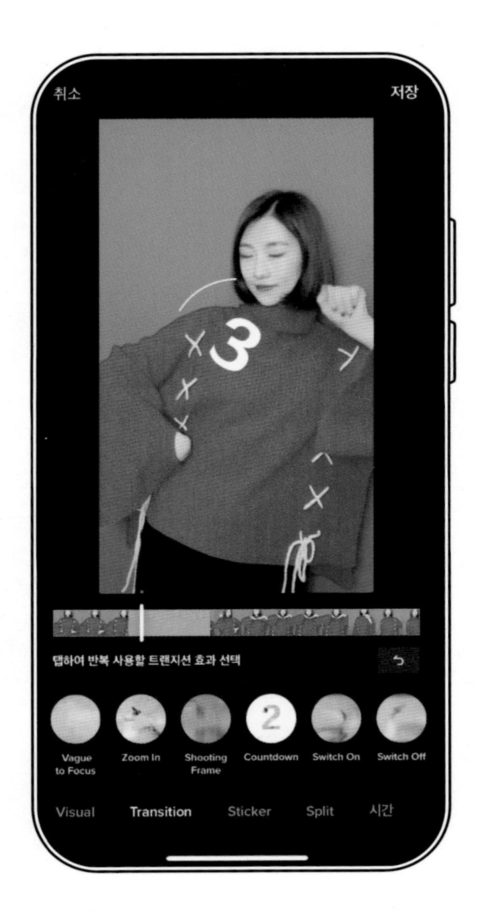

취소
저장
2
탭하여 반복 사용할 트랜지션 효과 선택
Vague to Focus
Zoom In
Shooting Frame
Countdown
Switch On
Switch Off
Visual
Transition
Sticker
Split
시간

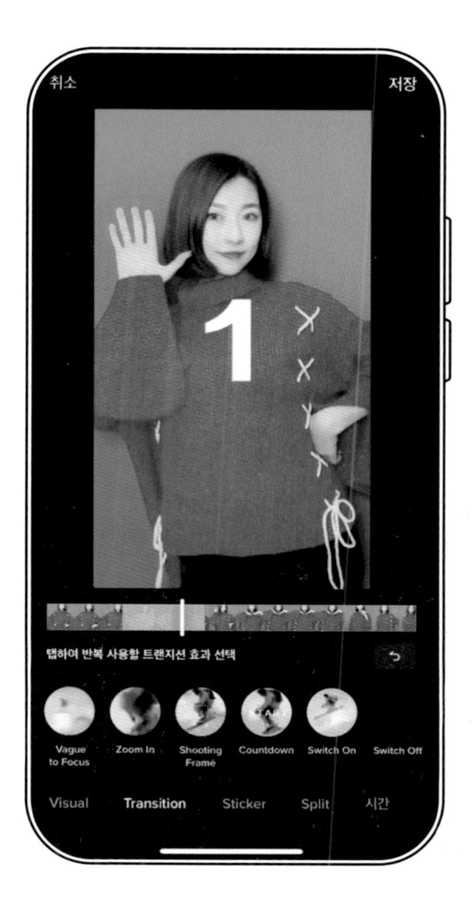
취소
저장
1
탭하여 반복 사용할 트랜지션 효과 선택
Vague to Focus
Zoom In
Shooting Frame
Countdown
Switch On
Switch Off
Visual
Transition
Sticker
Split
시간

취소
저장
START
탭하여 반복 사용할 트랜지션 효과 선택

4. Switch On

카메라를 껐다가 켰을 때 화면이 지지직거리면서 흔들리는 걸 본 적 있나요? Switch On은 그 느낌을 그대로 살린 효과랍니다. 마치 이제 막 카메라를 켜서 영상을 찍어 공개하는 것 같기 때문에 영상 첫 부분에 사용하는 걸 추천해요. Switch On도 Transition 카테고리에서 찾을 수 있어요.

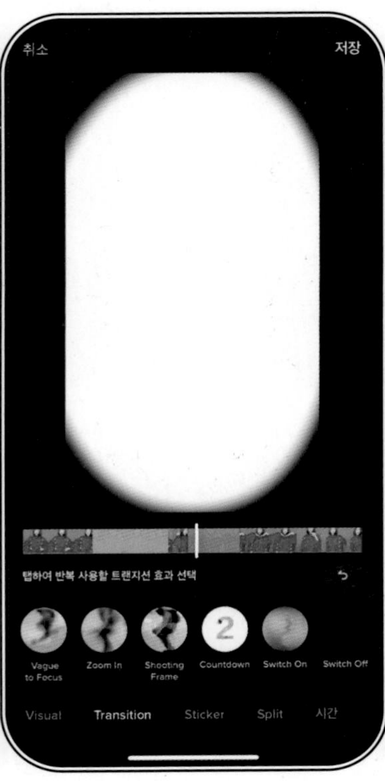

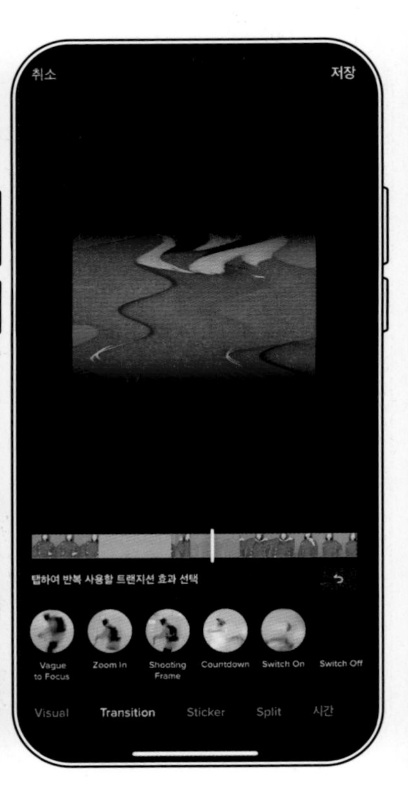

취소
저장
탭하여 반복 사용할 트랜지션 효과 선택
Vague to Focus
Zoom In
Shooting Frame
Countdown
Switch On
Switch Off
Visual
Transition
Sticker
Split
시간

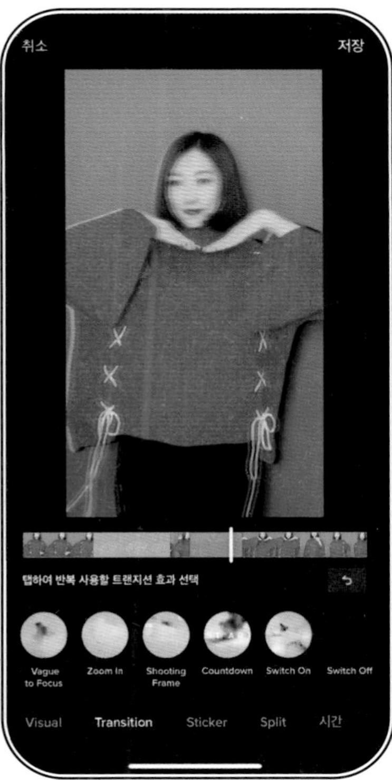
취소
저장
탭하여 반복 사용할 트랜지션 효과 선택
Vague to Focus
Zoom In
Shooting Frame
Countdown
Switch On
Switch Off
Visual
Transition
Sticker
Split
시간

취소
저장
탭하여 반복 사용할 트랜지션 효과 선택
Vague to Focus
Zoom In
Shooting Frame
Countdown
Switch On
Switch Off
Visual
Transition
Sticker
Split
시간

5. Switch Off

Switch On의 바로 옆에 있는 Switch Off 효과! Switch On과는 반대로 카메라가 꺼지는 느낌을 주는 편집 효과예요. 영상의 마지막 부분에 적용하면 좋겠죠? Switch On으로 시작하고 Switch Off로 영상을 마무리하는 것도 좋은 방법이에요.

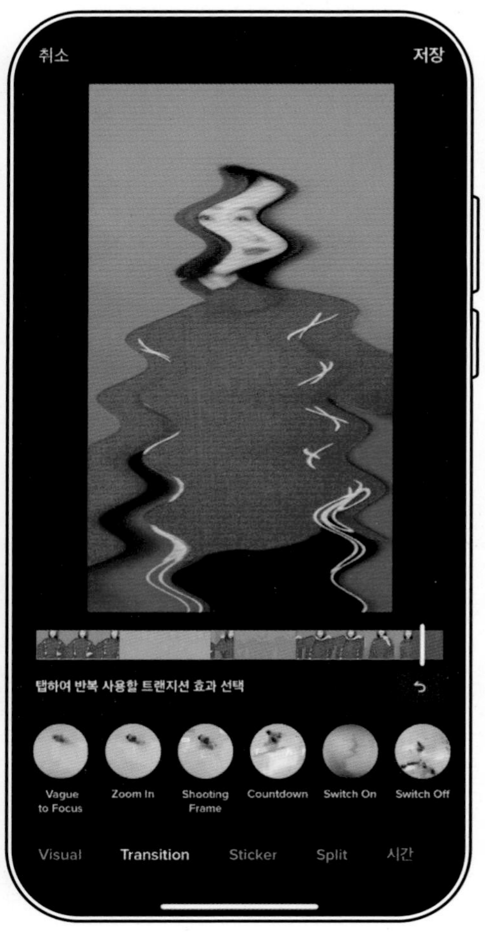

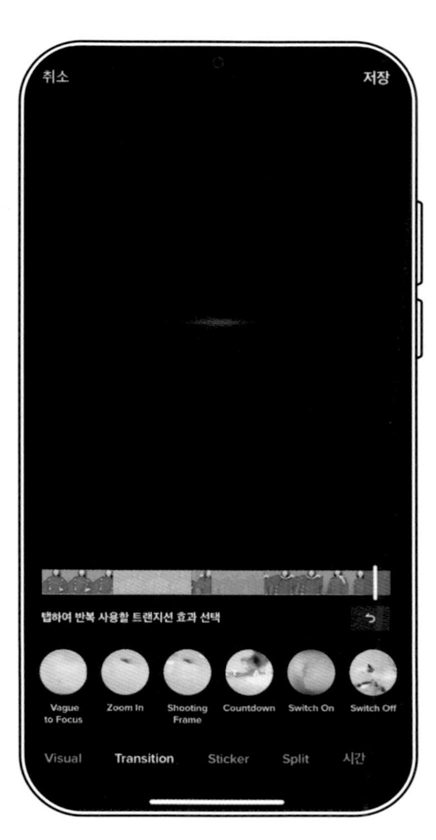
취소
저장
탭하여 반복 사용할 트랜지션 효과 선택
Vague to Focus
Zoom In
Shooting Frame
Countdown
Switch On
Switch Off
Visual
Transition
Sticker
Split
시간

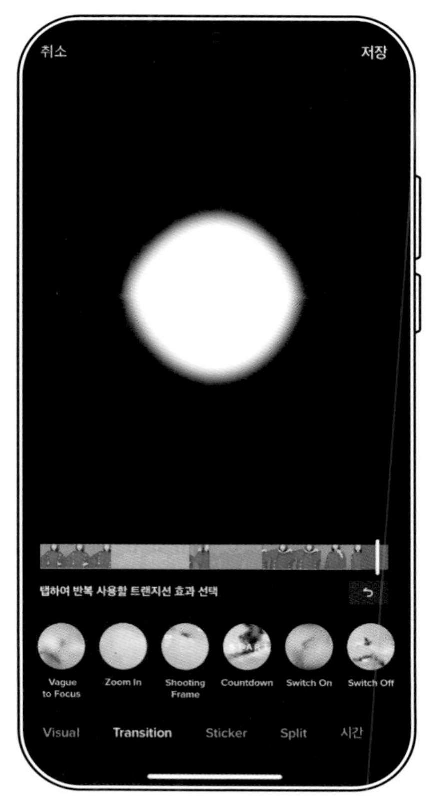
취소
저장
탭하여 반복 사용할 트랜지션 효과 선택
Vague to Focus
Zoom In
Shooting Frame
Countdown
Switch On
Switch Off
Visual
Transition
Sticker
Split
시간

취소
저장
탭하여 반복 사용할 트랜지션 효과 선택
Vague to Focus
Zoom In
Shooting Frame
Countdown
Switch On
Switch Off
Visual
Transition
Sticker
Split
시간

댄서소나하면 뭐다? 하프앤하프다!
댄서소나의 이름을 널리 알릴 수
있도록 도운 1등 공신은 하프앤
하프, 이른바 듀엣 영상이죠!
자타공인 듀엣 영상의 달인인
댄서소나가 알려주는
하프앤하프 촬영 강의,
지금 시작합니다!

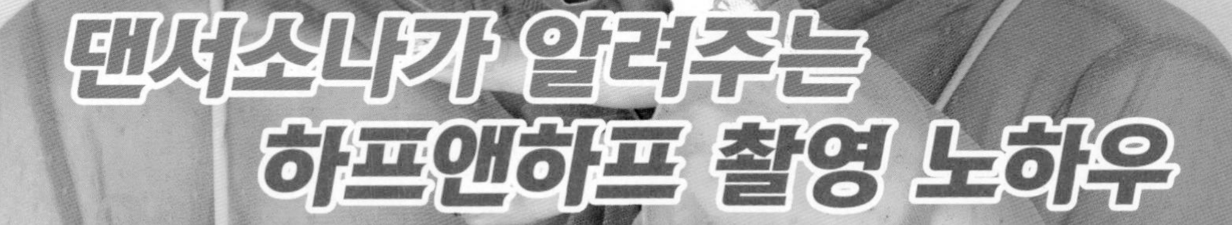

1 틱톡에서 마음에 드는 영상을 찾고 화면 우측에 있는 공유 버튼을 눌러주세요.

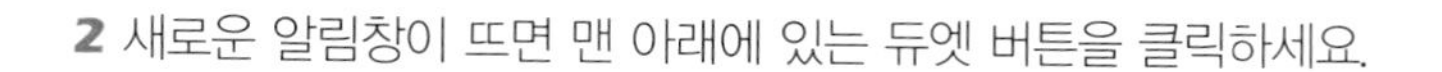

2 새로운 알림창이 뜨면 맨 아래에 있는 듀엣 버튼을 클릭하세요.

3 영상 속도를 2배속으로 맞춰주세요.

4 촬영이 자연스럽게 끝날 수 있도록 타이머도 함께 맞춰 주세요.

5 필터로 원하는 효과를 적용합니다.

6 빨간색 촬영 버튼을 누르고 재미있게 촬영해요.

7 편집 단계에서 다양한 효과와 스티커로 영상을 꾸며보세요.

8 영상에 대한 간략한 소개 글을 작성하고 틱톡에 올려 친구들과 함께 봐요!

Lesson 5.

댄서소나가 추천하는 틱톡 댄스 챌린지 베스트 5

요즘 가장 핫한 춤이 궁금한 친구들을 위해 준비했어요.

사람들의 시선을 확 끄는 틱톡 댄스 챌린지 베스트 5!

저를 따라 춤을 추면 여러분도 틱톡 댄스 달인이 될 거예요. 그럼 시작할까요?

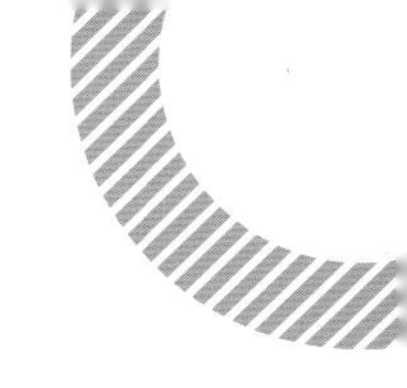

POINT 1. 2002 댄스

1 두 다리를 어깨너비만큼 적당히 벌린 뒤 허리를 곧게 세우고 가슴을 펴주세요.

2 왼발을 살짝 앞으로 내밀면서 왼팔을 굽혀주세요. 이때, 오른팔은 옆으로 쭉 펴주세요.

3 오른팔을 한 바퀴 돌려서 위로 쭉 펴주면서 왼발로 땅을 한 번 쿵 짚고 위로 들어 올려주세요.

4 **3**의 상태에서 오른팔을 다시 한 바퀴 돌리고 굽혀주세요. 이때, 굽혔던 왼발은 다시 땅을 한 번 쿵 짚고 위로 올려주세요.

5 왼발을 아래로 내리고 오른발을 앞으로 뻗어주세요. 이때, 왼발은 접어줍니다. 그러면서 오른팔을 가슴 방향으로 굽힌 뒤 왼팔을 'ㄱ' 모양으로 만들어주세요.

6 두 다리를 어깨너비보다 넓게 벌린 뒤 상체를 앞으로 숙이고 두 팔을 물레방아 돌리듯 빠르게 교차해주세요.

6

7 중간에서 돌리던 팔을 턱 끝까지 올린 후 두 다리를 옆으로 살짝 밀듯이 뻗고 팔도 위로 쭉 올려주세요.

8 뻗었던 두 다리를 모으고 팔도 가슴 쪽으로 끌어 당겨주세요. 그리고 벽을 밀듯이 세 번 앞으로 뻗어주세요.

9 팔을 뻗을 때 다리도 교차해가며 뻗어줍니다. 왼발이 앞으로 가면, 오른발은 뒤로 보내주세요.

10 두 팔을 양옆으로 쭉 뻗고 다시 상체 쪽으로 가져와 턱을 괴고 땅바닥에 발을 비벼 주세요.

11 턱을 괴던 손을 앞으로 내밀다가 헤엄을 치듯 뒤로 밀어주세요. 이때, 두 발은 **10**의 상태로 계속 움직입니다.

12 살짝 점프하며 왼발을 땅에 쿵 내디디고 오른발은 뒤로 접어주세요. 동시에 오른팔도 앞으로 쭉 내밉니다.

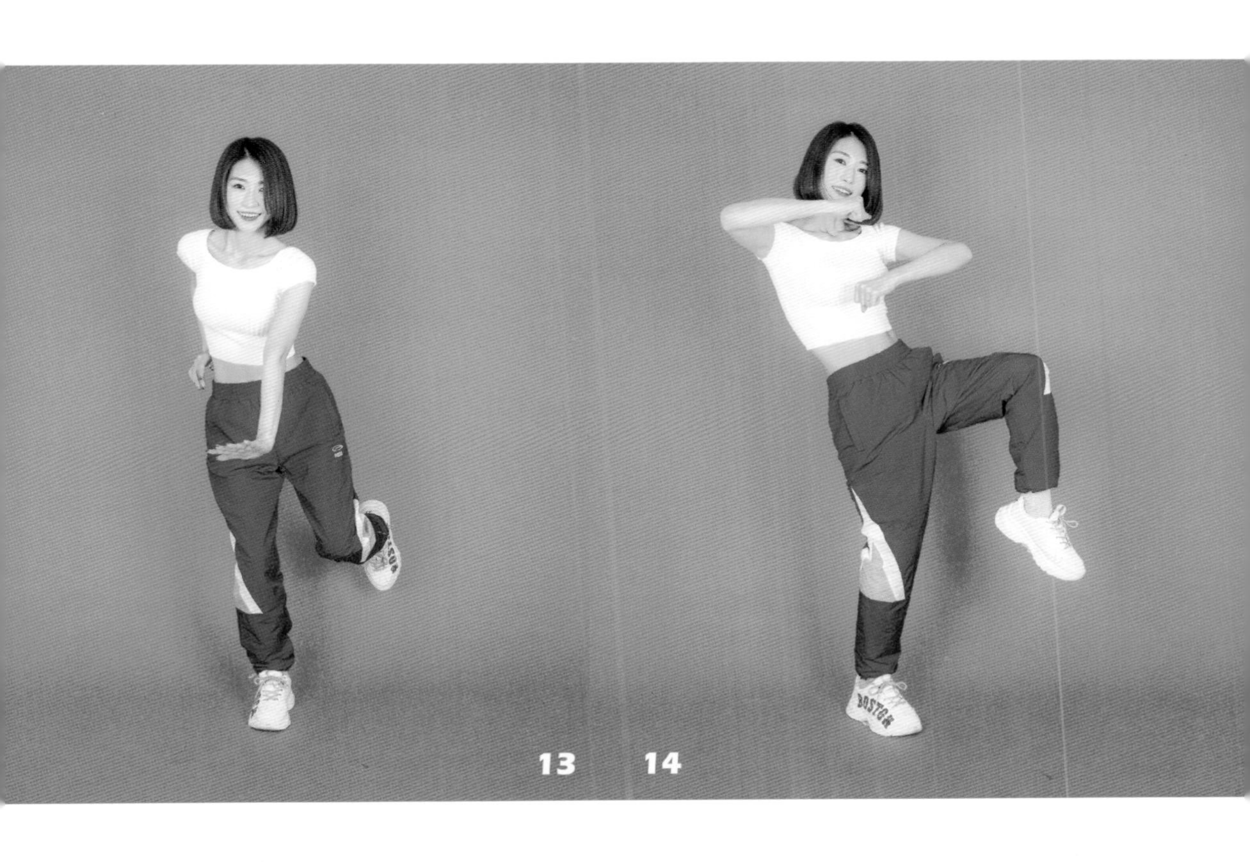

13 오른발을 땅에 쿵 내디디고 왼발은 뒤로 접어주세요. 동시에 왼팔을 앞으로 쭉 내밉니다.

14 마지막으로 두 팔을 끌어당기고 왼발을 들어 올린 뒤 상체를 살짝 숙여주세요.

POINT 2. 오나나 댄스

1 뒷짐을 진 상태에서 왼발을 사선으로 밀어내고 오른발도 바깥쪽 사선으로 내밀며 뒤꿈치를 찍어줍니다. 이때, 무릎은 살짝 굽혀주세요.

2 밖으로 내밀었던 두 발을 안쪽으로 끌어옵니다.

3 **2**의 상태에서 바깥쪽 사선으로 두 발을 내밀어주세요. 이때, 왼발 뒤꿈치를 찍어줍니다.

4 바닥에 발을 비비며 다시 안쪽으로 다리를 모아주세요. 이 동작을 계속 반복합니다.

5 스텝이 익숙해질 때쯤 두 팔을 자연스럽게 내밀어주세요.

6 리듬에 맞춰 팔과 다리를 자유롭게 움직여주면 오나나 댄스 완성!

POINT 3. 밧줄 댄스

1 두 다리를 어깨너비보다 넓게 벌린 뒤 밧줄을 잡은 듯한 자세를 취하세요.

2 음악에 맞춰서 상체를 살짝 뒤로 하고 두 손으로 밧줄을 끌어당기는 듯한 자세를 취해주세요. 이때, 하체가 흔들리지 않도록 주의합니다.

3 위의 동작을 두어 번 반복하다가 "호우!"하는 소리에 맞춰 손을 내려 아래에 있는 밧줄을 끌어당기듯이 움직여 주세요.

4 음악에서 나오는 "예!" 소리에 맞춰 아래에서 위로 무언가를 잡아끄는 듯한 동작을 취해주세요.

5 반대편에 있는 누군가와 하이파이브를 하는 것처럼 움직여주세요.

6 오른손을 들어 올려 손가락으로 상대방의 가슴을 튕기는 듯한 동작을 해주세요.

7 바르게 서서 누군가 가슴을 끌어당기는 것처럼 상체만 좌우로 움직여주세요. 이때, 하체가 흔들리지 않도록 주의합니다.

8 **7**을 세 번 정도 반복한 뒤 이번에는 엉덩이만 좌우로 움직여주세요.

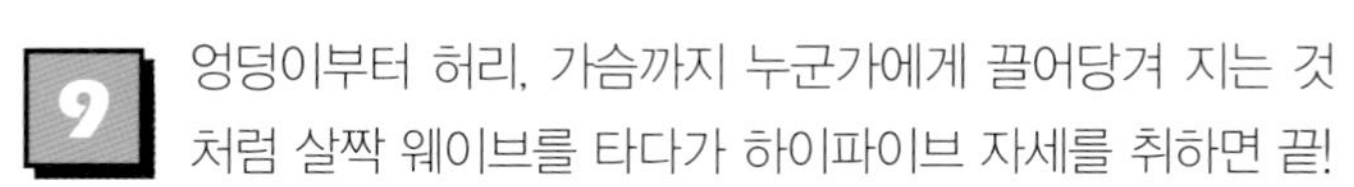

9 엉덩이부터 허리, 가슴까지 누군가에게 끌어당겨 지는 것처럼 살짝 웨이브를 타다가 하이파이브 자세를 취하면 끝!

POINT 4. 창문 깨기 댄스

1 왼발을 앞으로 내밀고 몸을 살짝 튼 상태에서 골반을 앞뒤로 흔들어주세요. 골반이 앞으로 향할 때마다 주먹 쥔 손을 위아래로 찍어주세요.

2 **1**의 동작을 세 번 반복한 뒤 앞으로 내밀었던 왼발을 오른발 옆으로 가져와 바르게 선 뒤 두 주먹을 빠르게 교차해 원을 그려주세요.

3 방향을 바꿔 오른발을 앞으로 내밀고 몸을 살짝 튼 상태에서 골반을 앞뒤로 흔들어주세요. 골반이 앞으로 향할 때마다 주먹 쥔 손을 위아래로 찍어주세요.

4 **3**의 동작을 세 번 반복한 뒤 앞으로 내밀었던 오른발을 왼발 옆으로 가져와 바르게 선 뒤 두 주먹을 빠르게 교차해 원을 그려주세요.

5 두 다리를 모으고 바르게 서서 오른손을 들어 창문 닦는 동작을 해주세요. 네 번 반복합니다.

6 이번에는 왼손으로 창문 닦는 자세를 취해주세요. 마찬가지로 네 번 반복합니다.

7 두 손을 교차해 창문을 닦아주세요. 두 번 반복하면서 창문 깨기 댄스 마무리!

POINT 5. 메이크 썸 틱톡 댄스 

1 상체를 왼쪽으로 살짝 튼 상태에서 두 팔을 차례대로 내렸다가 올려주세요.

2 **1**의 동작을 반복하면서 몸을 왼쪽에서 오른쪽으로 자연스럽게 이동해주세요.

3 몸이 완전히 오른쪽으로 왔을 때 왼발을 들어 올리고 두 팔을 머리 근처에 가져다 대고 포즈를 취해주세요.

4 상체를 오른쪽으로 살짝 튼 상태에서 두 팔을 차례대로 내렸다가 올려주세요.

5 **4**의 동작을 반복하면서 몸을 오른쪽에서 왼쪽으로 자연스럽게 이동해주세요.

6 몸이 완전히 왼쪽으로 왔을 때 오른발을 들어 올리고 손으로 하트를 만들어 포즈를 취해주세요.

7 위의 동작을 두 번 반복하다가 맨 마지막에 포즈를 한 번 더 잡아주면 끝!

CHECK, CHECK!

틱톡 영상은 핸드폰으로 촬영을 하는 만큼 손 떨림을 방지하는 게 무엇보다 중요해요. 그래서 그립톡 장착은 필수랍니다. 틱톡 초보자에게 안성맞춤인 그립톡을 소개할게요.

아이버스터 블랙 레터링 하트 정품 그립톡

하트 모양의 귀여운 그립톡이에요. 에폭시 효과를 넣어 말랑하고 도톰한 표면을 느낄 수 있죠. 특유의 하트 모양 덕분에 동영상 거치대로 사용할 때 정말 유용해요.

아이버스터 정품 미러 그립톡 블링블링

그립톡은 물론 거울로도 사용 가능한 제품! 반짝이는 상판을 옆으로 밀면 숨어있던 거울이 나타나요. 안전을 위해 실제 거울이 아닌, 안전형 거울을 개발해 깨질 위험 없이 안심하고 사용할 수 있어요.

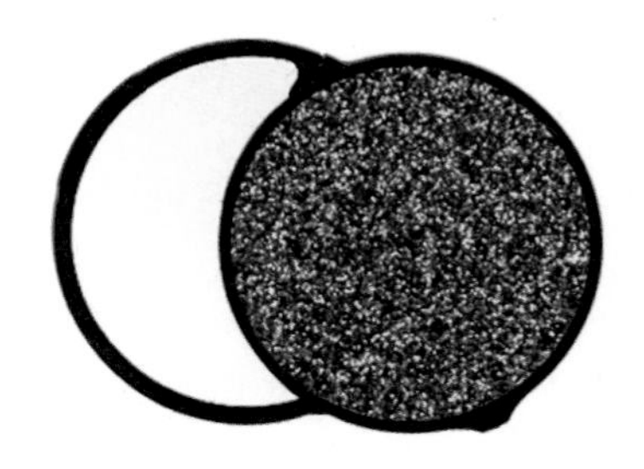

아이버스터 페인팅 정품 그립톡

스마트폰을 한 손으로 쉽게 쥘 수 있도록 돕는 제품이에요. 원형 형태에 시트지를 적용해 독특한 페인트 무늬를 표현했어요. 기본적인 그립톡 기능 외에도 거울로도 사용 가능해요.

아이버스터 곤룡포 정품 그립톡

곤룡포 프린팅이 눈길을 끄는 그립톡이에요. 홀로그램시트와 +UV 인쇄를 적용해 움직일 때마다 반짝거려요. 동영상 거치대 기능은 물론 차량용 자석 마운트 호환, 이어폰 줄감개 기능이 포함되어 있어요.

CHECK, CHECK!

영상을 찍을 때 절대 빼놓을 수 없는 요소가 바로 조명이에요. 조명을 어떻게 사용하느냐에 따라 영상의 퀄리티가 달라진답니다. 초보자들의 촬영을 물심양면으로 도와줄 조명 아이템을 공개합니다.

오토케 알패드45

밝고 부드러운 광원으로 개인방송은 물론 인물 촬영, 제품 촬영 등에 다양하게 사용할 수 있는 스마트 조명. 국민 조명이라고 불리는 룩스패드43H에 비해 LED 패널이 더 넓고 밝은 게 특징이에요.

유쾌한생각 프로포토 스마트폰 아이폰 스튜디오 라이트 조명 CI PLUS

주머니에 쏙 들어가는 작은 사이즈의 귀여운 제품이에요. 카메라 그리고 스마트폰에서도 라이트 쉐이핑이 가능하죠. 색온도 3,000K부터 6,500K까지 조절할 수 있으며 최고 광량에서 2,000회 이상 발광해요.

유쾌한생각 룩스원라이트 미니 개인 모바일 방송조명 PL-LOMIN

눈부심이 없는 부드러운 조명 빛으로 자연스러운 표정 연출을 도와요. 작고 가벼워서 휴대가 간편할 뿐만 아니라 조명이 차지하는 공간이 적어 활용도도 뛰어나죠. 링라이트의 장점인 캐치라이트, 그림자 감소 효과를 포함해 색온도와 광량 모두 조절이 가능합니다.

슬기로운연구소 탁상용 링 라이트

수직촬영이 가능한 탁상용 LED 링 라이트. 120개의 LED 단자가 탑재돼 26cm 크기의 제품 중 가장 밝은 빛을 자랑하는 제품이에요. 색온도 조절은 물론 밝기를 10단계로 조절할 수 있어 좋아요.

CHECK, CHECK!

틱톡 촬영할 때도 삼각대가 필요하다는 사실, 알고 있나요? 직접 핸드폰을 들고 촬영할 때를 제외하고 삼각대를 설치하면 흔들림 없이 깔끔한 영상이 완성된다고요! 여러분의 영상을 한 단계 업그레이드시켜 줄 삼각대를 소개할게요.

요이치 욜로WT300

삼각대와 셀카봉, 두 가지 용도로 사용할 수 있는 제품이에요. 무게 152g에 가로 크기 21.5cm로 한 손에 쏙 들어오는 콤팩트한 사이즈가 특징! 4단 접이식으로 최대 61cm까지 늘어나 안정적인 촬영이 가능해요.

썬포토 JOBY 고릴라포드 3K PRO 키트

정밀 가공된 알루미늄 소재로 제작되어 핸드폰과 고성능 미러리스 카메라는 물론, 중형 캠코더까지 최대 3kg의 장비 장착이 가능한 프리미엄 삼각대예요. 여러 관절을 이용해 난간에 매달아 사용할 수도 있죠. 도브테일 방식의 볼 헤드로 카메라나 관련 액세서리들을 더욱 편하게 장착 및 분리할 수 있어요.

썬포토 GOPOLE 리치 스냅

약 20cm 길이의 콤팩트한 사이즈의 셀카봉. 최대 약 66cm까지 확장해 사용할 수 있으며, 53~81mm 폭을 가진 접이식 스마트폰 홀더를 기본으로 제공해요. 그리고 하단에 삼각대 연결부가 있어 다른 삼각대와 결합하여 활용할 수 있어요.

시루이 3T-15 + B-00 테이블탑 키트

항공용 두달루민 소재를 단조 가공하여 제작한 쇼트 레그가 눈에 띄는 제품. 간단한 잠금장치 조절로 높이 56mm의 로우 레블 모드와 높이 115mm의 노멀 레블 모드 두 가지 포지션에서 고정해 촬영할 수 있어요. 또한, 기본으로 제공되는 바인딩 벨트와 연결하여 사용하면 난간과 나무 등 평면이 아닌 곳에도 삼각대를 설치할 수 있다는 것이 장점!

틱톡 외에 유튜브 촬영에도 관심 있다고요? 그럼 마이크부터 장만해야죠! 내 목소리를 생생하게 담아 멋진 영상을 완성 시켜줄 마이크 리스트가 여기 있어요.

조이트론 NEO USB 콘덴서 마이크

1인 방송과 2인 이상의 방송을 모두 충족시키는 듀얼 폴러 패턴 리코딩을 지원하는 제품이에요. 마이크 전면에 볼륨 조절 버튼과 사운드 조절 버튼이 있어 조작이 무척 간편해요. 그 외 MUTE 버튼과 리코딩과 동시에 모니터링이 되는 등 좋은 장점을 많이 가진 제품입니다.

컴소닉 CM-9010USB

다이내믹형 고감도 콘덴서 마이크로폰으로 잡음 없이 선명하고 깨끗한 소리를 전달해요. 마이크 정면에 부착된 터치식 음소거와 음량 조절 노브를 사용해 녹음이나 방송에 적합한 보이스 구형이 가능해요. 헤드폰과 연결하면 즉각적인 사운드 모니터링도 할 수 있다니 참고하세요.

컴소닉 CM-WM01 UHF

가볍고 내구성이 뛰어난 고성능 방송용 무선 마이크. DSLR 카메라뿐만 아니라 스마트폰에도 사용 가능해요. 또한, 전용 케이스가 있어 안전하고 편하게 휴대와 보관이 가능합니다.

컴소닉 CM-003

언제 어디서나 쉽게 고음질을 녹음할 수 있는 핀 마이크예요. 4극 플러그로 스마트폰에 연결하여 바로 사용할 수 있어요. 여기에 3극 변환 젠더도 함께 동봉되어 있어 PC에도 연결 가능합니다.

Bonus Lesson 5.
깜짝 공개!
댄서소나 시시콜콜 Q&A

Q. 처음 만나는 친구들을 위해 간략하게 본인 소개 부탁드릴게요!

A. 안녕하세요! 댄스 크리에이터이자 틱톡에서 활발히 활동하고 있는 틱톡커 댄서소나입니다. 만나서 반가워요, 여러분!

Q. '댄서소나'라는 활동명을 짓게 된 계기가 있나요? 정확한 뜻도 궁금해요!

A. 처음 틱톡을 시작할 때 활동명을 지어야만 했어요. 고심 끝에 '댄서'라는 단어를 사용하기로 했죠. 일단 제가 춤을 추는 사람이니까 제일 어울리는 단어이기도 했고, 저를 모르는 분들이 이름만 듣고도 '아, 춤추는 사람이구나!'라고 알 수 있도록 하고 싶었어요. 뒤에 붙은 소나는 제 본명인 '김솔아'를 해외에서도 쉽게 발음할 수 있게 변형한 것이에요. 댄서소나, 느낌 괜찮지 않나요?

Q. 춤은 언제부터 추기 시작했나요?

A. 초등학교 때 친했던 친구들이 모두 춤추고 노래하는 걸 좋아했어요. 그 아이들이 춤을 추며 즐거워하는 걸 보니까 저도 모르게 몸이 들썩거리더라고요. "나도 한번 해볼래!"라고 외치며 함께 어울려 춤을 추기 시작했고, 중학생이 된 후로는 춤의 세계에 아주 푹 빠져버렸어요. 그렇게 춤을 배우다 보니 어느덧 10년이 훌쩍 넘었네요.

Q. 제일 처음 어떤 춤을 배웠는지, 혹시 기억나세요?

A. 딱 무슨 춤이라고 말할 수는 없고, 친구들하고 그 시절 인기 있던 가수의 노래에 맞춰 춤을 췄어요. 지금까지 기억에 남는 건 처음으로 춤 영상을 남기기 위해 카메라 앞에 섰을 때예요. 무슨 춤을 췄냐고요? 원더걸스의 〈Tell me〉랍니다! 우리 집에 친구들을 전부 불러서 옷방에 있는 예쁘고 화려한 옷을 모두 꺼내 입었어요. 심지어 엄마 옷까지 입었었죠. 그렇게 한껏 멋을 부린 뒤 카메라 앞에 서서 춤을 추는데, 정

말 재미있었어요! 그때 같이 춤을 췄던 친구가 바로 틱톡커 샤나예요! 현재는 저와 함께 '블랑쉬'라는 프로젝트 그룹을 하고 있죠.

Q. 처음 춤을 배우기 시작했을 때 소나 님은 어땠나요? 처음부터 춤을 잘 췄나요?

A. 아, 내 입으로 이런 말 하면 안 되는데......네! 하하! 아니, 사실은 그때 친구들이 정말 다 착해서 좋은 말을 많이 해줬어요. "야, 소나 되게 잘한다!", "춤 정말 잘 춘다!"하고 칭찬만 해주니까 자존감이 마구 마구 상승했죠. 칭찬은 고래도 춤추게 한다는 말이 사실이라니까요? 좋은 친구들 덕분에 춤의 매력에 푹 빠지게 된 것 같아요. 사랑한다, 친구들아♡

Q. 소나 님이 생각하는 춤의 매력이 무엇인가요?

A. 거울 앞에 서서 춤을 추면 누구든 당당해질 수 있다는 게 가장 큰 매력 같아요. 무언가로 인해 위축되고 또 자존감이 떨어졌을 때도 거울 앞에서 춤을 추면 스스로가 정말 멋져 보이거든요. 그 매력에 푹 빠져서 더욱더 열심히 춤을 췄던 것 같아요. 학교에서 힘든 일이 있으면 연습실로 달려가 거울 앞에 춤을 췄죠.

Q. 춤을 추면 사람들 앞에 나설 일이 많아지는데, 부끄럽거나 망설여지지는 않았어요?

A. 전혀요. 참 신기하죠? 나서는 것을 좋아하던 아이도 아니었는데, 춤출 때는 달랐어요. 용감해졌다고 해야 하나? 그냥 춤추는 내가 당당하고 멋있어 보이니까, 사람들 앞에 서는 것이 두렵지 않더라고요. 어린 마음에 두려움도 없이 무대 위에 서고, 사람들의 시선도 즐겼던 것 같아요. 춤에 대한 열정과 자신감이 정말 컸으니까 가능한 일 아니었을까요?

Q. 어릴 때 좋아하던 댄서나 가수가 있나요?

A. 중학교 때부터 푸시캣 돌스를 정말 좋아했어요. 콘서트 영상을 계속 돌려보면서 모든 안무를 따라 했죠. 얼마나 많이 봤는지, 공연장에서 멤버들이 하는 말들까지 전부 외웠다니까요? 그로부터 10년이 지났지만, 여전히 푸시캣 돌스의 열렬한 팬이에요.

Q. 혹시 댄스 학원에 다닌 적이 있나요?

A. 고등학교 1학년 끝날 때부터 학원에 다녔어요. 그전에는 집 근처 연습실에서 춤을 추곤 했죠. 하지만 혼자 춤을 추다 보니까 진도가 잘 안 나가고, 춤 실력이 늘어나는 것에 한계가 있더라고요.

때마침 같은 연습실을 쓰는 동생 중에 춤을 굉장히 잘 추는 아이가 있었어요. 도대체 어떻게 하면 저렇게 잘 출 수 있는지 너무 궁금해서 슬쩍 물어봤더니, 댄스 학원에 다닌다고 하는 거예요! 그 말을 듣고 바로 그 아이가 다니는 학원에 등록했어요. 그 학원에 가면 나도 저렇게 출 수 있지 않을까 싶었거든요.

Q. 처음 댄스 학원에 갔을 때 좀 낯설었을 것 같은데, 어땠어요?

A. 학원에 등록하기 전에 참관을 몇 번 했어요. 다른 친구들이 춤을 추는 것도 보고, 선생님이 어떤 스타일로 가르치시는지 파악하고 나니까 잘 적응할 수 있을 것 같다는 생각이 들더라고요. 그래서 학교 선생님과 부모님께 말씀드리고 고등학교 때부터 바로 학원에 다니기 시작했어요. 그때 다녔던 학원 선생님들과는 아직도 연락하며 지내요.

Q. 최근에도 선생님들을 만난 적 있으세요?

A. 그럼요. 사실 제가 학원을 한 곳만 쭉 다녔거든요. 선생님들이 정말 잘 가르쳐주셔서 다른 곳으로 옮길 생각을 하지도 않았어요.

현미 선생님, 혜정 선생님이신데, 두 분이 친구예요. 친구끼리 학원을 운영하고 계시죠. 개인적으로도 많은 도움을 주셔서 제게는 뭔가 정신적인 지주 느낌의 분들이세요. 고등학교 때 학원 다닐 여유가 없어서 그만두려고도 한 적 있었는데, 그 사실을 알게 된 선생님들이 그냥 무료로 학원을 계속 다닐 수 있도록 해주신 적도 있죠. 매일 차로 등원도 시켜주시고, 공연 있을 때마다 데리고 다녀서 현장을 보고 느낄 수 있도록 해주셨어요. 정말 고마운 분들이에요.

아직도 계속 학원을 운영하고 계세요. 요즘에는 저한테 학원에 자주 놀러 오라고 하시더라고요. 제자들이 틱톡을 찍는데, 제 이야기를 많이 한다고 기뻐하시고요. 뭔가 자랑스러운 제자가 된 거 같아서 정말 뿌듯해요.

Q. 본격적으로 학원에 다닌 후, 하루에 몇 시간 정도 춤 연습을 했어요?

A. 몇 시간이라고 콕 짚어 말할 수는 없어요. 시간 나면 계속 연습했던 것 같아요. 특히, 새벽 연습을 많이 했어요. 다른 친구들과 달리 조금 늦게 춤을 시작한 편이라서 배울 게 정말 많았거든요.

Q. 새벽 연습은 몇 시부터 시작하나요?

A. 말이 새벽 연습이지 그냥 종일 연습이라고 보시면 돼요. 학교 끝나자마자 바로 학원에 가서 선생님들이랑 저녁 먹고 수업을 들어요. 그리고 밤부터 새벽까지 쉴 새 없이 연습한 뒤 집에 와서 잠깐 씻고 다시 학교로 가죠. 지금 생각하면 정말 죽음의 스케줄이었는데, 그때는 힘들게 느껴지지 않았어요. 그냥 재미있고 즐거웠죠. 열정 가득한 10대였기 때문에 그 스케줄을 소화할 수 있었던 것 같아요.

Q. 중학교 때까지만 하더라도 취미로 춤을 췄다가 고등학교 때 전문 댄서로 진로를 정했다고 했잖아요. 이에 대한 걱정이나 고민은 없었나요?

A. 전혀 없었어요. 그냥 춤을 춰야겠다는 생각으로만 가득해서 다른 고민은 하지 않았던 것 같아요. 막연히 "잘 되겠지. 열심히 하면 뭐라도 될 거야!"라는 긍정적인 생각만 했어요. 일단 춤이 정말 좋았어요. 그래서 평생 춤을 추면서 살고 싶어서 망설임 없이 진로를 결정했어요.

Q. 본격적으로 댄서의 길에 들어서겠다고 했을 때, 가족들의 반응은 어땠나요?

A. 어머니는 큰 반대 없이 제 결정을 받아들이고 응원해주셨어요. 물론 걱정도 많으셨겠죠. 하지만 원래 자신감 넘치고 당당한 것을 좋아하시는 분이셔서 딸이 반짝이는 무대 위에 서는 게 마음에 든다며 웃어 보이셨어요.

하지만 아버지는 조금 달랐어요. 이 길이 어렵고 힘들 거라는 걸 잘 알기 때문에 조금은 걱정이 되셨나 봐요. 그렇다고 절대 춤을 추면 안 된다고 반대하셨던 건 아니에요. 꼭 대회 나가서 상 받아 올 테니까 춤 연습하게 해달라고 하면 한숨을 쉬시면서 그렇게 하라고 허락해주셨어요.

지금은 두 분 모두 제가 춤추는 걸 좋아하세요. 요즘에는 제게 도움이 될 거라며 해외나 국내 가릴 것 없이 멋진 안무들을 추천해주세요. 그런 부모님 덕분에 더욱더 힘내서 활동할 수 있는 것 같아요.

Q. 고등학교 때 입시를 준비했잖아요. 그런데 대학을 안 가셨더라고요. 어떻게 된 일인가요?

A. 처음에는 진로를 결정한 후에 막연히 대학에 가야 한다고 생각했어요. 그래서 다른 친구들과 열심히 입시 준비를 했죠. 하지만 막상 시험을 다 보고 대학에 합격하고 나니까 굳이 학교에 안 가도 되겠다는 생각이 들더라고요. 때마침 어떤 댄스팀에서 같이 활동하지 않겠냐는 제안도 들어왔었고요. 대학에서 춤에 대해 배울 점도 많겠지만, 고등학교를 졸업하고 나서 스스로 돈을 벌어야 한다는 생각이 더 크게 들어서 현장에 직접 뛰어들어 돈을 벌며 춤을 배우는 게 더 좋겠다고 판단했어요. 그래서 부모님과 충분한 상의 끝에 곧바로 댄스팀에 들어가 사회생활을 시작했죠.

지금 그때로 다시 돌아가서 선택하라고 해도 똑같은 선택을 할 것 같아요. 실제로 댄스팀에서 활동하며 많은 것을 보고 배웠거든요. 그래도 굳이 아쉬운 점을 뽑자면 대학생만의 풋풋한 추억이 없다는 것? 그래서 친구들 대학 축제에 초대되면 빠지지 않고 꼭 놀러 갔던 것 같아요. 일종의 대리만족이었나 봐요.

Q. 춤에 대한 권태기는 없었어요?

A. 고등학교 때 장르의 변화를 줄 때 왔었어요. 생각보다 빨리 왔죠? 학원에서 기본적으로 걸스힙합을 배웠는데, 선생님께선 아이들에게 다양한 장르를 가르치고 싶다는 열정이 있었어요. 그래서 어느 시기가 오면 꼭 새로운 장르를 가르치셨죠. 팝핀 선생님이나 락킹 선생님을 초빙하기도 했어요.

그때마다 친구들이랑 단체로 멘붕이 오는 거예요. 우리는 아직 걸스힙합도 제대로 추지 못하는데, 자꾸 다른 것도 익히라고 하셔서 많이 힘들었어요. 그런데 이게 웬걸? 다양한 장르를 접하고 나니까 각자 잘하는 분야가 따로 있더라고요. 어떤 아이는 걸스힙합을 잘 췄는데, 팝핀을 힘들어해요. 또 어떤 아이는 걸스힙합을 못 췄는데, 팝핀을 정말 잘해요. 이런 식으로 내가 뭘 잘하는지 아이들이 모르던 상태에서 새로운 장르를 접하니까 자기 자신에 대해 자세히 알 수 있어서 좋았어요.

문제는 그러면서 슬럼프도 같이 오는 거예요. "나는 춤을 잘 춘다고 생각했는데, 그게 아니었구나. 나도 못 하는 게 있구나!"라는 것을 깨닫는 순간 슬럼프에 빠지는 거죠. 저도 마찬가지였어요. 특히, 팝핀을 어려워해서 학원 가기도 싫어지고 항상 주눅이 들더라고요. 그럴 때마다 집에서 죽도록 연습했어요. 싫어도 방법이 없잖아요. 될 때까지 해야지. 그렇게 피하지 않고 정면 돌파했더니, 슬럼프를 이겨내면서 춤 실력도 한 단계 높아지더라고요.

Q. 슬럼프가 오히려 도움이 된 셈이네요?

A. 그럼요. 개인적으로 슬럼프는 꼭 겪어봐야 한다고 생각해요. 그것도 되도록 빨리! 내가 평생 좋을 수는 없잖아요. 차라리 빨리 슬럼프가 와서 좌절감도 느껴보고 그걸 이겨내어 한 단계 더 나아갈 힘을 얻는 것이 좋은 것 같아요. 어떤 일이든 능력치가 쭉 올라가는 건 거의 없더라고요. 항상 계단식! 뭔가 권태기도 온 거 같고, 슬럼프도 온 거 같을 때 그걸 이겨내면 한 계단 밟고 올라서잖아요. 춤을 추다 보면 그런 시기가 엄청 많이 찾아오는데, 이걸 견뎌내고 이겨내는 게 중요한 거 같아요.

Q. 요즘에는 하루 몇 시간 정도 연습하세요?

A. 사실 여러 가지 활동을 하면서 춤 연습에 쏟을 시간이 현저히 줄어들었어요. 그래서 쉬는 날에는 무조건 연습실에 가 춤을 춰요. 만약 연습실에 갈 시간조차 없는 상황이라면 아주 약간의 짬이라도 나면 거울을 찾아 헤매요. 그리고 그 앞에서 춤을 추죠. 집에 걸린 전신 거울 앞에서도 춤을 추고, 신발장 앞에서도 춤을 추죠. 심지어 지하철을 기다릴 때 스크린도어에 비친 모습을 보며 이미지 트레이닝으로 안무를 만들어요. 그렇게 짬짬이 춤을 추려고 노력한 덕분에 아직 춤에 대한 감각을 유지하고 있는 것 같아요.

Q. 춤을 잘 출 수 있는 소나 님의 특별한 노하우가 혹시 있을까요?

A. 제가 항상 하는 이야기가 있어요. 바로 강.약.조.절! 때로는 강하게, 때로는 부드럽게 동작을 취해주면 되게 멋스러운 안무가 완성돼요. 처음 춤을 배울 때는 강약조절을 하는 법을 모르니까 무조건 세게 추는 경우가 많은데, 그러면 동작들이 되게 짧아 보이고 과격하게 느껴져요. 춤을 오랫동안 춘 사람처럼 능숙해 보이고 싶다면 강약조절을 연습해보세요.

Q. 강약조절, 도대체 어떻게 연습해요?

A. 강약조절을 제대로 배울 수 있는 장르가 있어요. '어번 댄스(Urban Dance)'라는 것인데요, 이 장르를 연습하면 강약조절을 자연스럽게 습득할 수 있어요. 어번 댄스에는 동작을 강하게 잡고 다시 느슨하게 풀어주는 안무가 정말 많거든요. 이 안무를 따라 하려고 열심히 연습하다 보면 어느새 강약조절의 달인이 되어있을 거예요.

Q. 지금까지 배운 춤 중에 가장 어렵고 힘들었던 것은 무엇인가요?

A. 하우스요. 아직도 정말 어려워하는 춤이에요. 하우스가 스텝으로만 추는 춤이기 때문에 가볍게 통통 튀는 느낌을 유지해야 하거든요. 그런데 제가 스텝 하나하나 무게감 있게 쿵, 쿵 찍어 표현하더라고요. 빠르게 발을 움직여야 하는데, 몸이 마냥 무겁게 느껴지니 진도가 점점 느리게 나갔던 기억이 있어요. 아직도 스텝은 제게 어려운 부분인 것 같아요.

Q. 반대로 쉬웠던 춤은 무엇인가요?

A. 망설일 거 있나요? 바로 걸스힙합이죠! 선생님이 처음 걸스힙합을 알려줬을 때 그 어떤 장르보다 빠르게 흡수했어요. 표현하는 것도 수월하게 한 편이고요. 여기서 실력을 조금 업그레이드해서 나간 장르인 팝핀도 괜찮았어요. 주 장르인 걸스힙합과 어우러져도 예쁜 안무들이 많이 나왔었거든요.

Q. 춤을 추며 힘들었을 때도 있을 거 같아요. 아예 춤추는 걸 포기하고 싶은 적 없었어요?

A. 포기하고 싶은 적은 없고, 다시 태어나고 싶은 적은 있어요. 조금 더 춤을 잘 추는 몸으로 태어났으면 얼마나 좋았을까 아직도 생각해요.

제가 어릴 때 학원 선생님께 혼이 많이 났던 이유가 동작이 작아서예요. 오죽하면 별명이 '1평 댄스'였겠어요? 마치 1평 안에서 춤추는 사람 같다는 뜻이었는데, 그만큼 모든 동작을 작게 했어요. 아무래도 일찍 시작해서 기초를 다진 친구들에 비해 조금 늦게 춤을 춘 저는 동작이 소극적일 수밖에 없었어요. 기초도 별로 없었고요. 보다 못한 선생님이 화가 나서 신발까지 던질 정도였죠. (에디터 : 혹시 현미 선생님......?) 네, 맞아요. 그 선생님이 바로 위에 언급했던 현미 선생님입니다. (웃음) 선생님 사랑해요!

아무튼 그 후에 죽을 듯이 연습해서 이제는 동작도 크게 하고 자신감 있게 춤을 추지만, 아직도 아쉬움이 많이 남아요. 조금만 더 일찍 춤을 췄다면, 조금만 더 유연한 몸이었다면 하고요. 하지만 그렇다고 춤을 포기하고 싶다는 생각을 한 적은 없어요. 힘들어도 춤이 좋았으니까요.

Q. 한국에서 쭉 댄서로 활동하다가 중국에 간 적 있다고 들었어요. 어떤 계기로 중국에 가게 되었나요?

A. 한 3~4년 전쯤에 '버드와이저'라는 브랜드와 함께 프로젝트를 한 적이 있어요. 여자 그룹 다섯을 만들어 공연하는 거죠. 그런데 그 그룹들이 중국에 진출하게 되었고, 저도 함께 중국으로 가게 되었어요. 한 3개월 정도 함께 지내면서 레슨도 하고, 공연도 했어요. 그때 처음 틱톡을 접하게 되었죠.

Q. 정말요? 어떻게 알게 되었어요?

A. 한창 중국에서 활동하고 있을 때 지인이 중국판 틱톡을 한번 해보라고 권하더라고요. 정말 재미있는 애플리케이션인데, 왠지 제가 잘할 거 같다고 하면서요. 그때만 하더라도 한국에는 아직 틱톡이 없던 시절이라 도대체 어떤 애플리케이션인지 호기심이 일었죠.

Q. 실제로 틱톡을 해보니까 어땠어요?

A. 정말 재미있었어요. 그런데 아무래도 중국판이라서 언어적으로는 조금 힘들었죠. 영상을 올리면서 글도 함께 올리고 싶은데, 그럴 수가 없잖아요. 그러던 중에 때마침 한국에도 틱톡이 생겼다는 소식을 듣고 바로 옮겼죠. 한글로 된 화면을 마주하는데, 얼마나 속이 시원하던지! 내가 원하는 효과를 마음대로 적용하고, 내가 말하고 싶은 내용을 전부 적을 수 있다는 기쁨이 생각보다 크더라고요. 그래서 더욱더 재미있게 열심히 활동하게 된 것 같아요.

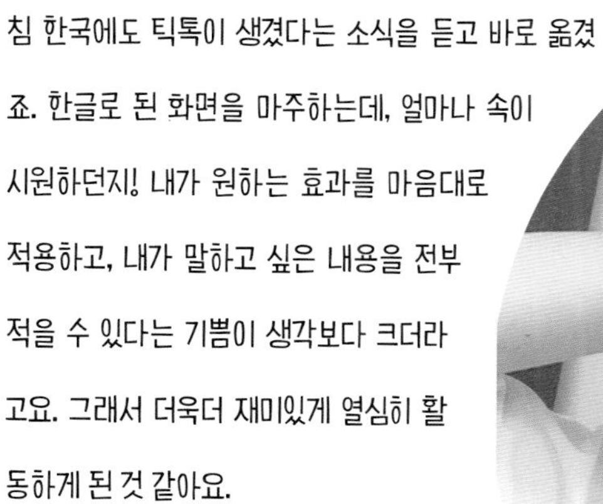

Q. 틱톡 처음 사용할 때 어렵지는 않았어요?

A. 아무래도 처음이니까 조금 헷갈리기는 했지만, 금방 적응했어요. 저 같은 기계치에게는 정말 기적 같은 일이죠! 틱톡이 워낙 촬영이나 편집 기능이 깔끔하고 간단하게 정리되어 있어서 쉽게 적응할 수 있었던 것 같아요. 게다가 틱톡이 좋은 점이 촬영 버튼을 잘못 누르거나 편집 효과를 잘못 적용했을 때 그냥 뒤로 가기 버튼만 누르면 다시 원래대로 돌아갈 수 있다는 점이에요. 그러니 실패를 두려워하지 않고 이것저것 다 눌러보고 알아갈 수 있었어요. 덕분에 한동안 핸드폰만 계속 들고 있었다니까요?

Q. 틱톡에 주로 댄스 관련 콘텐트를 올리게 된 이유는 무엇인가요?

A. 아무래도 제가 제일 잘 할 수 있는 것이 바로 춤추는 일이니까요. 처음 보는 분들에게도 저를 어필해야 하는데, 춤이 가장 효과적인 방법이라고 믿었어요. 열심히 춤을 추면 호기심을 자극해 더 찾아봐 주지 않을까 하는 생각도 했고요.

Q. 틱톡에 첫 번째 영상을 올린 날, 기억하세요? 어떠셨어요? 떨리지 않았나요?

A. 떨리기보다는 한껏 들떴던 기억이 나요. 첫 영상인 만큼 제대로 하고 싶어서 안무 연습도 엄청 했었죠. 원래 알고 있던 춤이긴 했지만, 카메라로 찍으니까 어떤 안무는 예쁘게 담기고 또 어떤 안무는 조금 어색해 보이더라고요. 이 부분을 어떻게 해결해야 할지 많이 고민했던 것 같아요.

그런데 안무를 터득했다고 끝난 게 아니더라고요. 영상 속에 내 모습도 신경 써야 했어요. 어떻게 해서든 길고 멋지게 보이고 싶어서 방 안에 온갖 운동화와 신발을 가져와 하나하나 다 신은 뒤 카메라로 확인했죠. 그리고 수십 번 찍고 올렸는데, 그 당시에는 뿌듯했거든요? 지금 보면 너무 창피해요. 그런데도 그 영상을 지우지 못하는 건 바로 팬 여러분 때문이에요. 지금도 팬들이 찾아와서 그 영상에 댓글을 달거든요. "와, 드디어 봤다! 첫 번째 영상!" 이러면서 댓글을 다는 모습이 정말 귀엽고 사랑스러워요.

건의함
청원레이크빌관리단
TikTok
댄서소나

Q. 틱톡이 매력적인 이유는 무엇이라고 생각하세요?

A. 제가 사실 기계치예요. 컴퓨터도 제대로 다룰 줄 모르고, 조금 만지면 바로 고장 나요. 그래서 카메라로 제 모습을 촬영하는 건 엄두도 내지 못했는데, 틱톡은 그냥 핸드폰 하나로 간단히 촬영하고 편집도 쉽게 할 수 있어서 정말 좋더라고요. 자체 프로그램이 정말 편하게 되어 있잖아요? 게다가 수시로 새로운 효과가 업데이트 되고요. 저 같은 기계치에겐 틱톡은 정말 축복 같은 존재예요.

Q. 댄서로 활동하다가 틱톡을 시작했다고 했을 때, 주변 반응은 어땠나요?

A. 틱톡에 영상을 올린 첫날, 바로 가족과 친구들에게 이야기를 했어요. 틱톡이라는 애플리케이션이 있는데, 여기에 춤 영상을 올렸다고요. 그랬더니 다들 "어, 그래. 재미있겠네.", "열심히 해봐.", "귀엽네!"라며 그냥 가볍게 반응했어요. 저도 제가 틱톡으로 뭔가가 될 거라고는 상상도 하지 못했는데, 주변 사람들은 더욱더 그랬겠죠. 그러다가 제가 점점 틱톡으로 유명해지고 활발하게 활동하자 다들 진지하게 제 모습을 봐주고 응원해주기 시작했어요. 주변 분들에게도 늘 감사하게 생각하고 있어요.

Q. 그렇게 열심히 활동한 결과, 틱톡 최초로 100만 팔로워를 달성하셨잖아요. 그때 기분이 어땠나요?

A. 어휴, 말도 마세요! 정말 뿌듯했죠. 너무 기뻐서 춤까지 췄는걸요? 틱톡을 시작한 지 5~6개월 만에 100만 팔로워를 달성한 거라 말로 설명할 수 없을 만큼 감사하고 기뻤죠. 틱톡을 열심히 해서 그런 성과가 나타나니까 굳이 자랑하지 않아도 주변에서 막 연락이 오더라고요. "소나야! 너 인터넷에서 봤어!", "내 친구 딸이 네 이야기 많이 하더라!"라는 말을 들을 때마다 정말 기분이 좋아요.

Q. 틱톡에 영상을 올릴 때 사람들의 시선을 사로잡는 노하우가 있나요?

A. 지난 3년간 틱톡 활동을 한 결과 음원이 정말 중요하다고 느꼈어요. 귀에 익숙한 음악이 들리면 화면을 쑥 넘기다가도 "응? 뭐지?"하고 멈추고 한 번 더 보게 되는 것 같더라고요. 이 사람은 이 음악으로 어떻게 영상을 찍었나, 호기심이 생기는 거죠. 요즘에는 K-POP 리믹스도 인기를 끌고 있는 것 같아요. 많은 분이 정말 다양한 음원을 만들었더라고요. 재미있는 것도 많고요. 그런 K-POP 리믹스 음원을 찾아보는 것도 좋고, 각 나라에서 유행하는 음원들이 뭐가 있나 알아보는 것도 좋은 방법이에요. 사람들에게 익숙하면서도 호기심을 유발하는 음원을 찾아 영상을 만들어 보세요!

Q. 요즘 틱톡 트렌드는 무엇이라고 생각하세요?

A. 대부분의 틱톡커들이 깔끔하고 깨끗한 영상을 추구하는 것 같아요. 초창기에는 틱톡의 다양한 편집 효과를 적용해 화려한 영상을 만들었다면, 최근에는 효과를 최대한 절제하는 편이더라고요. 대신 손이나 팔, 몸을 움직여 촬영하는 이른바 '무빙'기술을 많이 적용하고요. 개인적으로 여러 가지 효과를 한 번에 사용하는 걸 좋아해서 아쉬움이 커요. 친한 틱톡커들에게 영상 만들기 전에 "나 효과 10개 쓸 거야!"라고 말하면 "안 돼, 안 돼. 딱 2개만 써!"라고 제지당하거든요. 어쨌든 그 친구들 말을 듣고 영상을 찍으면 훨씬 깔끔하고 예쁘게 나오는 걸 알기 때문에 저도 요즘은 편집 효과를 마구 쓰고 싶은 욕구를 조금 누르고 있답니다.

Q. 틱톡에 하나의 영상을 올릴 때 시간이 얼마나 걸리나요?

A. 영상 주제에 따라, 안무의 성격에 따라 상황이 달라져요. 간단한 안무는 30분에 4~5개의 영상도 찍어 올릴 수 있지만, 안무가 어렵고 편집이나 효과가 복잡하게 들어가는 영상은 거의 반나절은 찍어야 해요. 특히 새로운 춤이나 복잡한 안무는 완벽히 습득 후 올려야 해서 시간이 조금 더 걸리는 편이에요.
그렇게 오래 찍다 보면 핸드폰에 과부하가 걸려서 영상이 모두 날아가는 일도 부지기수죠. 다른 틱톡커가 올린 영상을 보면 촬영하는데 9시간, 10시간 걸렸다고 하는데 거짓말이 아니라니까요? 진짜 그렇게 걸려요! 내가 원하는 바를 15초 또는 60초라는 짧은 시간에 몽땅 담아내는 것에 대한 고민이 요즘은 제일 큰 것 같아요.

Q. 주로 언제 촬영하세요?

A. 저는 화요일, 수요일, 그리고 목요일에 영상을 많이 찍어요. 일산에 한 공터가 있는데, 거기서 주로 촬영하죠. 배경지가 있는 집에서 촬영할 때도 있어요. 대신에 여러 가지 영상을 많이 찍기보다는 하나의 주제를 잡아서 그것만 쭉 찍는 편이에요. 여러 개를 한 번에 도전하면 하나도 제대로 완성하지 못하는 경우가 많거든요. 예를 들어 화요일에는 브이로그, 수요일에는 안무 영상, 목요일에는 개그 영상 이렇게 주제를 나눠서 촬영하면 만족스러운 영상을 얻을 수 있어요.

Q. 촬영은 혼자서 하시나요?

A. 친한 틱톡커들에게 연락해서 같이 모여서 촬영하는 일이 많아요. '상부상조'라는 말도 있잖아요? 서로 도와야죠! "내가 찍어줄 테니까, 다음에는 나 찍어줘!"라고 말하면서 서로의 촬영을 도와요. 틱톡 촬영이 혼자 하기엔 힘든 부분이 어느 정도 있어서요.

도와줄 사람이 없으면 삼각대에 고정해서 찍거나 회사 실장님에게 부탁을 많이 해요. 그래서인지 요즘 실장님 무빙 실력이 굉장히 좋아지셨어요. 댓글에 무빙 칭찬이 정말 많아요. 그 정도로 정말 자연스러워요! 숨은 무빙 고수라고 할까요? 최근 제 영상의 무빙은 대부분 실장님이라고 보시면 돼요.

Q. 친한 틱톡커들이 많다고 하셨잖아요. 어떤 분들하고 자주 만나세요?

A. 사실 대부분 틱톡커들하고 다 친해요. 그중에서도 동호, 윤지, 그리고 옐언니, 신사장, 유링딩, 샤나, 댄서민주, 은우, 기린을 자주 만나죠. 다들 기술적으로 워낙 뛰어난 분들이라서 제가 많이 보고 배워요. 궁금한 건 바로바로 물어보는 편이고요. 그럼 다들 착해서 친절하게 알려주는데. 사실 습득이 잘 되는 편은 아니랍니다. 애써 가르쳐주는데, 아이들한테 미안할 따름이에요. 요즘 기술은 너무 어려워요. 힝~

Q. 자주 만나면 주로 어떤 이야기를 하나요?

A. 틱톡 이야기를 가장 많이 하죠. 같은 분야를 공유할 친구가 있다는 것이 정말 행운이라고 생각해요. 아무리 친한 친구라고 해도 그 친구가 틱톡을 잘 모르면 내 고민을 말해도 공감받기가 어렵더라고요. 그런데 같이 틱톡을 하는 친구들이라서 서로 뭐가 고민인지 알고 공감할 수 있어서 이야기가 잘 통해요.
그리고 정말 신기한 게 다들 성격도 정말 좋고 긍정적이에요! 한 번쯤 싫은 소리 할 법도 한데, 만나면 늘 좋은 말만 해주고 저를 옆에서 많이 도와줘서 큰 힘이 돼요. 다들 착한 친구들이에요. 그래서 제가 지치거나 힘들 때 힐링하려고 억지로라도 친구들을 만나려고 해요. "우리 언제 만날까? 일산에 언제 오니?"라고 메시지를 남기죠. 문은 언제든지 열려 있으니 얼른 문을 두드려 달라며 친구들을 일산으로 막 불러요. 하하!

Q. 현재 사용하고 있는 핸드폰 기종은 무엇인가요?

A. 아이폰 XS 맥스를 사용하고 있어요. 틱톡은 핸드폰으로 촬영하여 영상을 올리기 때문에 핸드폰 기종이 매우 중요해요. 되도록 카메라 화질이 좋은 걸 선택해야 하죠. 여기서 하나 팁을 주자면 안드로이드를 바탕으로 하는 핸드폰보다 iOS가 바탕인 아이폰을 사용하는 것이 좋아요. 왜냐하면 안드로이드보다 iOS가 훨씬 빠르게 틱톡 업데이트가 되거든요. 남들보다 먼저 새로운 편집 효과를 사용하고 싶다면 아이폰을 사용하세요. 하지만 개인적으로 아이폰보다 갤럭시 노트를 더 좋아해요. 마음만은 노트파랍니다. 노트를 못 써서 아쉬워요. 힝~ㅠㅠ

Q. 틱톡 영상 만들 때 가장 중요한 게 뭐라고 생각하세요?

A. 영상에 대한 이해도가 제일 중요해요. 내가 찍을 영상이 어떤 것인지 제대로 이해하지 못하고 촬영하면 만족스러운 결과물이 나올 수가 없죠. 그걸 본 사람들도 무슨 영상인지 이해할 수 없고요.

더빙 영상을 찍을 거라면 그 영상의 포인트가 뭔지 제대로 이해해야 하고, 춤 영상을 촬영할 거라면 안무에 대해 철저히 숙지한 뒤 찍어야 해요. 단순히 요즘 유행하는 영상이라고 무작정 따라 해서는 절대 안 돼요. 틱톡도 공부가 필요하다는 사실, 잊지 마세요!

Q. 촬영하다가 NG도 날 거 같은데, 주로 어떤 NG가 나는지 궁금해요!

A. 계속되는 촬영에 과부하 걸려서 몸을 덜덜 떨 때도 있는데, 역시 안무 NG가 제일 많이 나요. 머릿속으로는 절대 틀리지 말아야지 다짐하지만, 막상 영상을 찍으면 동작이 한두 곳에서 꼭 실수가 나더라고요. 춤 관련 콘텐트인 만큼 동작이 제일 중요한데, 이렇게 NG가 나면 정말 속상해요.
사실 안무 틀려도 눈치채지 못하는 분들이 더 많고, 원래 안무를 자신에게 맞게 변형하기 때문에 약간 달라져서 상관없는데, 저는 기초는 되도록 유지하려고 노력해서 안무를 크게 흔들지 않으려고 해요.

Q. 최근에 댄스 크루도 만들었다고 들었어요.

A. 네, 맞아요! 틱톡 활동을 하면서 주변에 있는 친구들과 같이 일을 하고 싶다는 생각이 들더라고요. 그래서 중학교 때부터 친구였던 틱톡커 샤나와 민주에게 같이 크루를 결성하자고 제안했죠.

두 사람 다 초반에는 그냥 재미로 시작했는데, 하다 보니 이 활동에 푹 빠졌다고 하더라고요. 점점 욕심도 생기고요. 얼마 전에는 정식으로 팀 이름도 만들었어요. 바로 '블랑쉬'! 리더는 바로 저, 댄서소나입니다.

결성한 지 그리 오래되지는 않았지만, 2020년에는 블랑쉬로 활발한 활동을 해볼까 계획 중이에요. 가장 큰 목표는 공연이죠. 셋이 어릴 때부터 함께 춤을 췄는데, 이상하게 같은 무대에 선 적은 없거든요. 이 기회로 셋이서 한 무대에 설 수 있을 것 같아 정말 기뻐요.

Q. 1년 전부터 유튜브도 시작하셨더라고요. 유튜브로 활동 영역을 넓힌 계기가 혹시 있을까요?

A. 뭔가 어떤 플랫폼으로 시작했건 결국에는 유튜브를 꼭 해야 한다는 분위기가 있어서 시작한 것도 있지만, 무엇보다 팬들하고 소통하고 싶다는 마음이 가장 큰 이유였던 것 같아요. 유튜브에서는 라이브 방송을 할 수 있잖아요. 팬들하고 직접 이야기할 수 있어서 정말 좋더라고요.

Q. 유튜브의 장점은 무엇이라고 생각하세요?

A. 내가 원하는 모습을 마음껏 보여줄 수 있다는 점이요. 틱톡은 15초 또는 60초라는 시간제한이 있지만, 유튜브는 자유롭게 영상을 올릴 수 있잖아요. 하지만 반대로 생각하면 틱톡은 짧은 영상을 쉽고 간단하게 올릴 수 있는 대신 유튜브는 긴 영상을 비교적 복잡한 과정을 거쳐 올려야 한다는 단점을 가지

고 있죠. 서로 장단점이 뚜렷한, 매력적인 플랫폼이라는 사실은 공통점이라고 할 수 있겠네요. 앞으로 이 두 플랫폼을 잘 활용해서 열심히 활동하고 싶어요. 어쩌면 조만간 블랑쉬 채널이 생길 수도 있으니 기대해주세요!

Q. 춤 연습하고, 무대에도 서고, 거기에 틱톡과 유튜브 활동까지! 하루 24시간이 모자랄 것 같은데, 시간 분배를 어떻게 하나요?

A. 낮과 밤에 해야 할 일을 확실히 나눠서 하고 있어요. 틱톡이나 유튜브 촬영은 주로 낮에, 그것도 야외에서 많이 해서 해가 떠 있는 시간에는 웬만하면 밖에 있으려고 노력해요.

그렇게 야외에서 열심히 촬영하다 밤이 되면 연습실로 가 춤을 춰요. 고등학교 때처럼 새벽 연습도 종종 하죠. 낮에는 다른 스케줄이나 틱톡, 유튜브 촬영이 있어서 춤 연습할 시간이 저녁이나 새벽밖에 없거든요. 그러다 잠자리에 드는 건 거의 새벽 2~3시쯤이에요. 워낙 바빠서 잘 시간도 쪼개야 할 상황이지만, 그래서 행복해요. 일이 없는 것보다 바빠야 좋은 거잖아요? 더 힘내서 하루하루를 보내려고 노력하고 있어요. 영양제도 꾸준히 먹고 있답니다.

Q. 틱톡을 시작하기 전 소나 님과 지금의 소나 님. 무엇이 변했나요?

A. 마음가짐이 조금 달라졌어요. 예전에는 지금보다 훨씬 더 치열하게 하루하루를 살았거든요. 그때는 미래에 대한 불안감이 존재했어요. 열심히 춤을 추고 있지만, 앞으로 내게 어떤 일이 발생할지 알 수가 없었으니까요. 하지만 틱톡을 하고 난 뒤 나만의 개성이 만들어지고 그로 인해 어느 정도 자리를 잡게 되니까 이제는 마음 편하게 여러 가지를 도전해볼 수 있어 좋아요. 그리고 미래에 대한 선택지도 많아지니까 계획이 조금 더 구체적으로 변했고요. 이 모든 것은 댄서소나를 사랑해준 팬들 덕분이라는 걸 알고 있기에 감사한 마음으로 하루하루 열심히 살고 있어요.

Q. 춤을 추면서 가장 기쁘고 즐거웠던 때는 언제인가요?

A. 아무래도 사람들 앞에서 공연할 때가 제일 즐겁죠. 얼마나 즐거운지 공연하다가 다쳐도 모를 정도라니까요? 무대에서 내려오면 무릎에서 피가 나거나 날카로운 의상 때문에 살이 찢긴 걸 종종 발견할 때가 있는데, 공연할 때는 아픈지도 몰라요. 사람들의 반응에 흥분해서 알아챌 겨를이 없는 거죠. 그만큼 무대 위에 있을 때가 즐겁고 신나요. 아무것도 신경 쓰지 않고 춤만 열심히 추면 되고, 그런 저를 보며 사람들이 환호성을 지르면 정말 짜릿하죠. 그래서 무대에 많이 서고 싶어요. 듣고 계신가요, 실장님? (옆에 있던 실장님 뜨끔!)

Q. 틱톡 팔로워가 벌써 210만 명이 훌쩍 넘었어요. 소나 님이 팬들에게 사랑받을 수 있는 비결은 무엇인가요?

A. 춤이라는 확고한 장르를 지녔기 때문 아닐까요? 춤에 관심 있는 분들은 꾸준히 있기 마련인데, 감사하게도 제 영상을 찾아봐 주시더라고요. "소나 님은 역시 춤이지!"라는 말을 자주 듣는데, 들을 때마다 정말 기분이 좋아요. 그래서 팬들하고 자주 소통하려고 노력하는데, 이런 점을 또 좋아해 주시는 것 같더라고요.

Q. 3년간 꾸준히 응원해준 팬들과 기억에 남는 에피소드가 있을까요?

A. 우리 팬들이 정말 감사한 게 제가 따끔한 조언도 아끼지 않아요. 한 번은 그런 이야기를 해주더라고요. 악플이 달렸을 때, 네 잘못이 아니면 사과하지 말라고. 사실 저는 '좋은 게 좋은 거다!' 라는 생각으로 그냥 사과하거든요. 그런데 팬분들은 그게 아니었나 봐요. 제가 잘못하지 않았음에도 불구하고 사과하고 고개 숙이면 절 응원해주던 팬들은 힘이 빠진대요. 제가 당당해야 저를 좋아하는 팬들도 당당해질 수 있다고요.

그 이야기를 듣고 망치로 머리를 한 대 맞은 것 같은 충격이 오더라고요. 그래서 그 이후에는 많이 노력했어요. 악플이 달리면 단순히 사과만 하는 것이 아니라 그런 마음이 들게 해서 죄송하지만, 난 이런 이유 때문에 그렇게 한 것이니 이해해줬으면 좋겠다고 정중히 댓글을 달았어요. 그러자 팬들도 그걸 보고 안심을 하더라고요. 제가 당당하게 대응을 하니까요.

좋은 이야기도 해주고, 더욱더 성장할 수 있도록 따끔한 질책도 해주는 우리 팬들이 정말 좋고 감사해요.

Q. 소나 님을 보고 춤을 추기 시작한 친구들이 정말 많아요! 미래의 댄서를 꿈꾸는 친구들에게 해주고 싶은 이야기는?

A. 저를 보고 춤을 추기 시작했다기보다는 거울 속 혹은 화면 속 자신의 모습을 보고 만족을 느껴서일 것 같아요. 저도 그랬거든요. 롤모델도 매우 중요하지만 스스로 만족하는 것이 먼저니까요. 그러니 더 멋진 내가 될 수 있도록 열심히 춤을 추세요. 끊임없이 연습하면 언젠가 거울 속에 그토록 바라던 내가 멋지게 서 있을 거예요.

Q. 20년 후에 내 모습을 상상한다면?

A. 일단 마당이 있는 큰 집에 살았으면 좋겠어요. 그리고 유기견이나 유기묘를 보호하고 있는 거죠. 춤을 추지 않는다는 건 아니에요. 큰 집에 살면 집 안에 스튜디오나 연습실을 만들 수 있겠죠? 나이 먹어서도 계속 춤을 추고 늘 하고 싶었던 동물들을 돕는 일도 하고 싶어요. 언젠가는 그렇게 될 수 있도록 열심히 노력하려고요!

Q. 앞으로 틱톡커 그리고 댄서로서 어떤 모습을 보여주고 싶나요?

A. 아직은 '댄서소나'라는 이름을 들었을 때 틱톡에서 댄스 1인자라는 느낌이 드는 건 아니라고 생각해

요. 하지만 언젠가는 그런 생각이 들 수 있도록 열심히 노력하려고요. 2020년뿐만 아니라 매해 발전해서 조금 더 탄탄해졌으면 좋겠어요. 그리고 언젠가 '댄서소나'라는 이름을 말했을 때 한 번에 "아! 바로 그 댄서소나구나!"라는 반응을 이끌고 싶네요.

이름 김솔아

나이 28세

키 170cm

혈액형 A형

취미 봤던 영화를 계속 보고, 듣던 음악을 계속 듣는 것. 항상 똑같은 음악을 틀어놓고 생활해요. 특히, 디즈니 오리지널 사운드 트랙을 좋아해서 매일 듣고 있어요. 생활 속 BGM이라고 할까요?

좌우명 NNNG! Never, Never, Never, Give Up! 이라는 뜻이에요. 절대 포기하지 않는다!

성격 조금 소심하지만, 좋은 게 좋은 거라고 생각하는 긍정맨이에요. 그리고 사람을 정말 좋아하는 사랑쟁이죠! 하도 애정표현도 많이 하고 그랬더니 절 싫어하던 사람도 계속 만나다 보면 결국 저를 좋아하고 제 편이 되어주더라고요.

좋아하는 춤 당연히 걸스힙합! 제일 잘하는 장르이기도 해요. 걸스힙합을 추면 마음이 편해져요.

좋아하는 음식 김치볶음밥. 기본적으로 김치로 만든 요리를 좋아해요. 그중에서 김치볶음밥이 단연 으뜸이죠! 저는 김치볶음밥 위에 치즈를 정말 많이 올려서 먹는데, 학생 때 방학 내내 그렇게 먹다가 살이 정말 많이 찐 적도 있어요. 뭐든지 적당히 먹는 게 중요한 것 같아요. 흑흑.

싫어하는 음식 고백하자면 저 사실 어마무시한 편식쟁이에요. 양파, 파, 파프리카, 피망, 고추, 그리고 마늘까지! 다 못 먹어요. 그런데 또 음식에 양파가 들어가야 맛있다는 건 알아요. 이상하죠? 뭐라고 해야 할까......식감이 느껴지면 싫은 것 같아요. 어머니가 카레를 만들 때 저를 위해 양파를 갈아서 넣는데, 식감이 안 느껴지니까 잘 먹거든요. 식감에 예민한 편이에요. 씹었을 때 뭔가 소름 돋는 기분! 아, 그리고 콩나물국밥도 트라우마가 생겨서 특유의 냄새 때문에 잘 못 먹어요. 그 외에는 다 잘 먹습니다. 진짜예요!

좋아하는 색 강렬한 색을 좋아해요. 지금 떠오르는 건 빨간색, 보라색 정도? 전체적으로 화려한 걸 좋아해요. 그래서 다양한 색을 만날 수 있는 무지개를 정말 사랑해요!

싫어하는 색 딱히 싫어하는 색은 없는데, 조심하는 색은 있어요. 제가 피부톤이 밝지 않아서 갈색 아이템을 잘못 매칭하면 한없이 칙칙해 보이더라고요. 그래서 옷 입을 때 갈색은 조금 조심하는 편이에요.

좋아하는 숫자 짝수를 좋아해요. 홀수는 뭔가 외롭잖아요. '짝'이라는 말이 들어간 것에 안정감을 느껴요. 외로운 건 싫어~!

좋아하는 영화 <토이 스토리 3>를 정말 좋아해요. 그중에 우디는 제가 제일 애정하는 캐릭터죠. 성격도 좋고, 긍정적이잖아요. 때로는 실수도 하지만 미워할 수 없고요. 제 이상형이에요!

좋아하는 계절 여름을 좋아해요. 왜냐하면 제가 정말 추위를 많이 타거든요. 조금만 추워도 엄청 떨어요. 반면에 더위는 별로 안 타는 편이에요. 그러다 보니 자연스럽게 여름을 좋아하게 됐죠. 그리고 여름만의 매력이 있잖아요? 청량하고 파릇파릇한 그 느낌을 정말 좋아해요.

좋아하는 동물 동물이라면 다 좋아해요. 심지어 파충류도 좋아한답니다! 나중에 기회가 된다면 동물 보호소를 운영하고 싶어요. 사실 어릴 때 꿈도 동물과 관련된 직업을 갖는 거였거든요. 동물을 진짜 좋아해서, 봉사활동도 그런 쪽으로 많이 하고 싶어요.

좋아하는 틱톡커 아이디가 '@moksha'인 해외 틱톡커를 정말 좋아해요. 사파리를 운영하는 분이에요. 그분과 있는 동물들이 정말 건강하고 행복해 보이더라고요. 하아, 생각만으로도 동심에 빠져드는 기분이에요. 정말 깊이 동경하고 있습니다!

좋아하는 유튜브 채널 게임 유튜버인 '수탉'님을 개인적으로 애정하고 있어요. 초창기부터 지금까지 계속 시청하고 있죠. 댓글도 가끔 남기는데, 아마 모르실 거예요. 또르르르ㅠ

좋아하는 가수 영원히 푸시캣 돌스! 걸스힙합 배웠을 때 그분들 노래로 연습을 많이 했기 때문일까요? 여전히 그분들이 제일 좋아요.

좋아하는 댄서 '레 트윈즈(Les Twins)'를 가장 좋아해요. 프랑스 태생의 쌍둥이 댄서분들인데, 춤 구성부터 퍼포먼스와 표정까지 전부 완벽해요. 즐기는 춤이란 저런 거구나 싶더라고요.

보물 1호 본가에 '사랑'이라는 이름의 고양이가 있어요. 사랑받은 만큼 사랑을 주는 고양이가 되라는 뜻으로 지어준 이름을 가진 저의 첫 고양이인데, 올해로 15살이랍니다. 지금까지 아픈 곳도 없고 건강해서 얼마나 다행인지 몰라요. 앞으로 더 오랫동안 건강하게 우리 곁에 있어 줬으면 좋겠어요.

요즘 자주 듣는 노래 제 핸드폰과 컴퓨터에는 뮤지컬과 디즈니 노래 모음집이 있어요. 길을 걸을 때, 카페나 집에서 일을 볼 때 틀어놓고 따라 부르는 리스트랍니다. 항상 같은 곡들을 듣고 있어요.

요즘 연습하는 춤 틱톡에서 유행하는 춤을 연습하고 있어요. 미국에서 유행하던 춤인데, 여러 가지 동작이 한꺼번에 들어가 있어서 조금 혼란스럽더라고요.

습관이나 말버릇 단어 선택이 조금 올드하다는 지적을 받았어요. 힝. 내가 뭘 어쨌다고 ㅠㅠ 젊은이, 대장장이, 신세대 등과 같은 말을 써서 그런가 봐요. 이제는 그냥 어휘력이 풍부하다고 해주세요!

첫사랑 21살 때였어요. 그 전에도 연애는 계속했지만, 지금 생각하면 21살 때 헤어진 남자친구가 진짜 사랑이었던 것 같아요. 이별 후에 엄청 많이 아파하고 울었거든요. 그런 적은 처음이었어요. 사실 사귀고 몇 개월 못 만나고 헤어졌다가 그 남자가 군대를 다녀온 뒤 또 만난 거였어요. 그런데 결국 1년도 못 채우고 헤어지더라고요. 인연이 아니었나 봐요.

남자친구 있어요. 팬들도 다 알고 계세요. 연애한 지 이제 4년 되었답니다. 옆에서 큰 힘이 되어주고 있죠. 남자친구 자랑이요? 장점이 너무 많아서 문제랄까? 하하!

Bonus Lesson 6.

Let's Dance! 댄서소나 레전드 틱톡 댄스 영상 모음 3

1.#blanche #블랑쉬

댄서소나와 샤나, 그리고 댄서민주가 뭉쳤다!

댄스 크루 블랑쉬 출격!

꺄악~!!
@댄서소나 · 11-12
#blanche #kpop #블랑쉬
@샤나 Shana @댄서민주 드디어
정해진 크루명!! 바로 블랑쉬 입니다
아이디어를 많이 내주서...
자세히 보기
오리지널 사운드 - 댄서
199.2K
1192
3153
댓글 추가

@댄서소나 · 11-12
#blanche #kpop #블랑쉬
@샤나 Shana @댄서민주 드디어
정해진 크루명!! 바로 블랑쉬 입니다
아이디어를 많이 내주서...
자세히 보기
댄서소나 - 댄서소나
199.2K
1192
3153
댓글 추가

언니들
@댄서소나 · 11-12
#blanche #kpop #블랑쉬
@샤나 Shana @댄서민주 드디어
정해진 크루명!! 바로 블랑쉬 입니다
아이디어를 많이 내주서...
자세히 보기
댄서소나 - 댄서소나
199.2K
1192
3153
댓글 추가

멋져요!
@댄서소나 · 11-12
#blanche #kpop #블랑쉬
@샤나 Shana @댄서민주 드디어
정해진 크루명!! 바로 블랑쉬 입니다
아이디어를 많이 내주서...
자세히 보기
오리지널 사운드 - 댄서
199.2K
1192
3153
댓글 추가

2. #세뇨리따

이 아름다운 세뇨리따는 누구~?

누구긴 누구야, 댄서소나지!

57.2K
331
588
@댄서소나 · 08-15
#세뇨리따 카메라 무빙은 역시 누구??
@신동호 오늘도 안무를 멋드러지게
찍어줘서 감사해오 튜토리얼 영상도
함께 업로드했습니다
endes,

멋져, 멋져!

스무스한 움직임 대박!

57.2K
331
588
@댄서소나 · 08-15
#세뇨리따 카메라 무빙은 역시 누구??
@신동호 오늘도 안무를 멋드러지게
찍어줘서 감사해오 튜토리얼 영상도
함께 업로드했습니다
rita - Shawn Mendes, Can

어쩜 저렇게 춤을 잘 출까?

3. #도시필터스위치

인기 틱톡커 총출동!

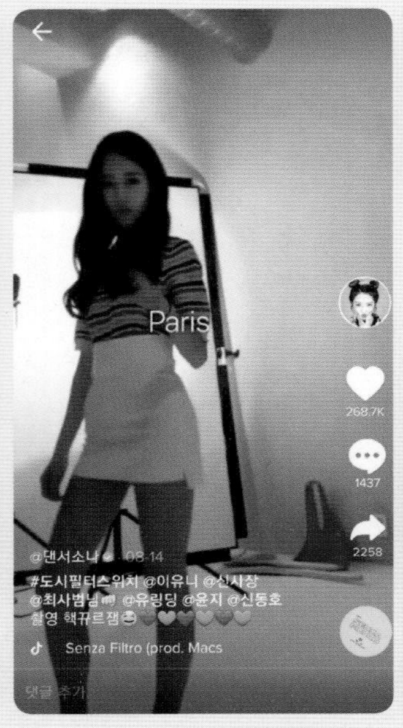

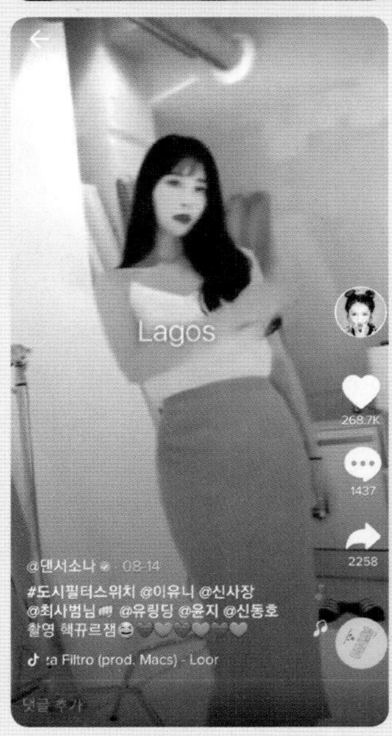

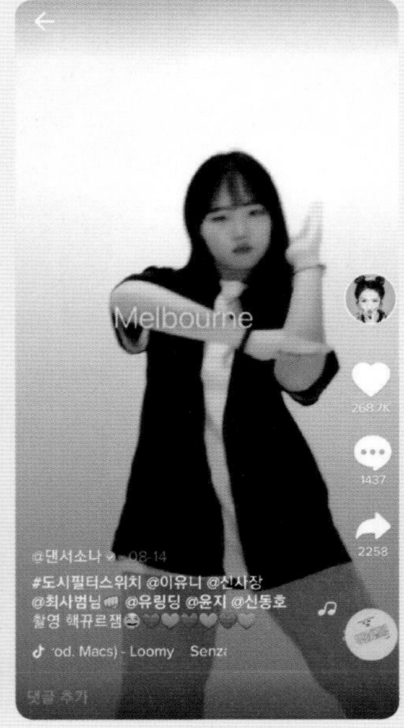

틱톡 여신 댄서소나 등ㅋ장ㅋ

휙휙 바뀌는 필터가 신기해!

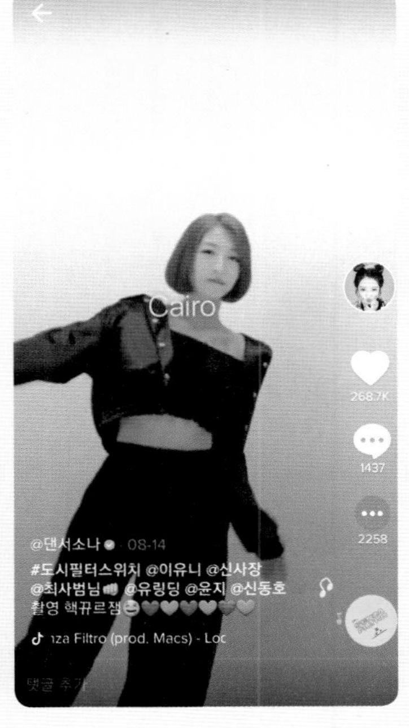

Paris, Oslo, Lagos, Melbourne, Jakarta, Abu Dhabi, Buenos Aires, New York, Jaipur, Cairo, Tokyo

4. #햇살춤

상큼하게 햇살춤 한 번 춰볼까?

앗? 저 뒤에 뭐야!

신사장 ㅋㅋㅋㅋㅋ

@댄서소나 · 06-12
#햇살춤 미쳐진짜
ㅋㅋㅋㅋㅋㅋㅋㅋㅋㅋㅋㅋㅋㅋㅋㅋㅋㅋㅋㅋ
감독님:@신동호 우정출연 : @신사장
@윤지
227.1K
2340
2258

따라하지 말라고!
@댄서소나 · 06-12
#햇살춤 미쳐진짜
ㅋㅋㅋㅋㅋㅋㅋㅋㅋㅋㅋㅋㅋㅋㅋㅋㅋㅋㅋㅋ
감독님:@신동호 우정출연 : @신사장
@윤지
Sunshine Girl - moumoon
227.1K
2340
2258

대박 웃겨 ㅋㅋㅋㅋㅋ
@댄서소나 · 06-12
#햇살춤 미쳐진짜
ㅋㅋㅋㅋㅋㅋㅋㅋㅋㅋㅋㅋㅋㅋㅋㅋㅋㅋㅋㅋ
감독님:@신동호 우정출연 : @신사장
@윤지
227.1K
2340
2258

@댄서소나 · 06-12
#햇살춤 미쳐진짜
ㅋㅋㅋㅋㅋㅋㅋㅋㅋㅋㅋㅋㅋㅋㅋㅋㅋㅋㅋㅋ
감독님:@신동호 우정출연 : @신사장
@윤지
227.1K
2340
2258

5. #해시태그몰라요 #오빠춤?

추억의 댄스 춰볼까?

이노래 몰라요?

오빠오빠, 오빠빠빠~

오오오오~

댄서소나의 틱톡 한 권으로 끝내기

초판 1쇄 인쇄 2019년 12월 23일
초판 1쇄 발행 2019년 12월 30일

지 은 이 댄서소나
펴 낸 이 권기대
펴 낸 곳 베가북스
총괄이사 배혜진
편 집 강하나, 박석현
디 자 인 박숙희
마 케 팅 황명석, 연병선
포토그래퍼 스냅독 @s.napdog

출판등록 2004년 9월 22일 제2015-000046호
주 소 (07269) 서울특별시 영등포구 양산로3길 9, 201호
주문 및 문의 (02)322-7241 팩스 (02)322-7242

ISBN 979-11-90242-24-0 13590

※ 책값은 뒤표지에 있습니다.
※ 좋은 책을 만드는 것은 바로 독자 여러분입니다.
베가북스는 독자 의견에 항상 귀를 기울입니다.
베가북스의 문은 항상 열려 있습니다.
원고 투고 또는 문의사항은 vega7241@naver.com으로
보내주시기 바랍니다.

홈페이지 www.vegabooks.co.kr
블로그 http://blog.naver.com/vegabooks.do
인스타그램 @vegabooks 트위터 @VegaBooksCo 이메일 vegabooks@naver.com